北京湾过渡带
生态系统服务及其关系

陈龙　刘春兰　刘晓娜　裴厦　乔青　著

中国水利水电出版社

www.waterpub.com.cn

·北京·

内 容 提 要

北京湾地处山地平原过渡地带，同时也是乡村城市过渡带，存在诸多利益相关者。本书以北京湾过渡带为研究区，基于栅格和乡镇两个尺度，以生态系统服务及相互之间的权衡和协同等关系为研究对象开展相关研究，定量揭示了生态系统服务之间关系的强弱程度，研究了生态系统服务及其关系的梯度效应，分析了不同受访群体对于生态系统服务的偏好。本书有助于决策者充分考虑生态系统服务及其关系的空间异质性，优化生态系统服务供给策略，从而实现不同利益相关者的效益最大化，促进区域可持续发展。

本书可供生态学、地理学及城市环境管理和规划相关专业人员参考使用。

图书在版编目（CIP）数据

北京湾过渡带生态系统服务及其关系 / 陈龙等著
. -- 北京 ： 中国水利水电出版社，2021.12
ISBN 978-7-5226-0309-4

Ⅰ．①北… Ⅱ．①陈… Ⅲ．①生态系－环境系统－服务功能－研究－北京 Ⅳ．①X171.1

中国版本图书馆CIP数据核字(2021)第264100号

审图号：京S（2021）076 号

书　　名	**北京湾过渡带生态系统服务及其关系** BEIJINGWAN GUODUDAI SHENGTAI XITONG FUWU JI QI GUANXI
作　　者	陈龙　刘春兰　刘晓娜　裴厦　乔青　著
出版发行	中国水利水电出版社 （北京市海淀区玉渊潭南路1号D座　100038） 网址：www.waterpub.com.cn E-mail：sales@waterpub.com.cn 电话：(010) 68367658（营销中心）
经　　售	北京科水图书销售中心（零售） 电话：(010) 88383994、63202643、68545874 全国各地新华书店和相关出版物销售网点
排　　版	中国水利水电出版社微机排版中心
印　　刷	北京中献拓方科技发展有限公司
规　　格	170mm×240mm　16开本　10.75印张　217千字
版　　次	2021年12月第1版　2021年12月第1次印刷
定　　价	**88.00元**

前言
QIAN YAN

北京位于太行山、燕山向华北平原过渡地带，西部的太行山和北部的燕山在西北方交会，围合出西、北环山，东、南向海的半封闭陆湾，美国地质学家威利斯和我国历史地理学家侯仁之先生将这片三面环山、一面开敞的区域生动的称为"北京湾"。"幽州之地，左环沧海，右拥太行，北枕居庸，南襟河济，诚天府之国"是古人对北京地理区位最简洁、形象的表达，这块"风水宝地"也因此成为近八百年来首都选址的首选地。时至今日，这片"风水宝地"因地处过渡地带，属典型的敏感区和脆弱区，又成为生态学和地理学相关研究的理想之地。该区拥有丰富自然资源的同时存在强烈的人类活动，利益相关者众多，其范围内所涉及的浅山区已被北京市政府明确为首都建设发展的第一道生态屏障和生态文明示范区。因其独特的地理地位，著者以此为研究区申请的项目"北京湾过渡带生态系统服务的梯度效应及其权衡与协同研究"于 2015 年获得国家自然科学基金资助。本书以该项目研究成果为基础，对相关内容进行补充丰富并最终整合而成。

生态系统服务综合了自然系统的生态性和人类系统的社会经济属性，被认为是连接生态系统和社会系统之间的桥梁，也因此成为近二十年生态学研究的热点领域，特别是生态系统服务相互之间的权衡协同关系与可持续发展密切相关，从而成为热点中的热点，被相关学者密切关注。本书以生态系统服务及其之间的关系为研究对象，全书框架及主要内容如下：第 1 章为绪论，简要介绍了生态系统服务及其关系，综述了目前的研究进展，并对过渡带相关概念进行了辨析和讨论。第 2 章介绍了研究区范围的界定以及开展研究的尺度。第 3 章和第 4 章分别介绍了研究区的生态环境状况和社会经济状况。第 5 章详细介绍了评估所选择的生态系统服务类型及相应评估方法，量化并图示了每种生态系统服务的空间分布和热点分布，识别了不同尺度供给单元的主导生态系统服务。第 6 章从全局和局域角度对生态系统服务关系进行了深入研究，特别是建立了一个可快速识别并量化多种生态系统服务关系的评估框架，结合地理信息系统、和弦图及地理加权回归等技术手段，可方便地图示每种生态系统服务关系的强弱程度，分析两两关系的构成，定量揭示典型环境因子对生态系统服务的局域影响。第 7 章探索分析了生态系统服务及其关系随典型环境因子变化的梯度效应，客观识别其突变点。第 8 章基于调查问卷，分析了不同受访群体对于生态系统服务及未来发展方向的偏好。第 9 章为全书总结。

本书的完成得到了很多机构及个人直接或间接的帮助。感谢国家自然科学基金对本书研究内容的资助；感谢相关政府工作人员和自然保护地管理机构在问卷调查中提供的帮助，感谢所有参与调查问卷的受访者；感谢北京市生态环境保护科学研究院提供的研究平台；最后感谢中国水利水电出版社的编辑对本书从头到尾专业细致的编辑工作，使得本书可以顺利出版。

本书力求反映相关领域的最新进展，探索使用了一些还未在生态系统服务及其关系中应用的方法，加之作者水平不足，时间仓促，书中难免存在疏漏错误之处，恳请各位专家和读者批评指教，提出宝贵的修改意见（bryum@163.com）。

作　者
2021 年中秋于北京

目 录　MU LU

第1章　绪　　论

生态系统服务（ecosystem service）是人类从生态系统获得的各种惠益（Millennium Ecosystem Assessment，2003），本质是以人类利用为中心（李鹏等，2012），并综合了自然系统的生态性和人类系统的社会经济属性（王志芳等，2019），被认为是连接生态系统和社会系统之间的桥梁（Fu et al.，2013）。生态系统服务分类方法较多，其中，联合国开展的千年生态系统评估（MA）根据功能将生态系统服务分为供给服务、调节服务、文化服务和支持服务四类，是目前被广泛认可的分类方法（Millennium Ecosystem Assessment，2003）。其中供给服务指人类从生态系统获取的各种产品，如食物、纤维、木材及淡水等；调节服务指人类从生态系统过程的调节作用当中获取的各种惠益，包括调节气候、控制侵蚀及净化水质等；文化服务指人们通过精神满足、认知发展、思考、消遣和美学体验而从生态系统获得的非物质惠益，包括教育价值、美学价值、文化遗产价值及消遣和生态旅游等；支持服务指生产其他所有的生态系统服务而必需的那些生态系统服务，与其他服务的区别在于通过间接的方式影响人类，包括初级生产、养分循环、提供栖息地等。对于特定空间和特定尺度来说，人类对不同生态系统服务的需求大不相同。如对于全球尺度来说，生物多样性和碳存储服务对于全球生态平衡尤为重要；而对于区域尺度来说，食物供给和水源涵养服务则更重要。因此，在给定的研究区域进行相关研究时，生态系统服务的选择非常重要。

1.1　生态系统服务关系及其研究方法

生态系统服务之间存在复杂的关系，当人们消费某种生态系统服务时，会有意或无意地对其他生态系统服务产生影响（傅伯杰等，2016）。尽管有学者提出通过合适的管理模式可以达到双赢的目的（Howe et al.，2014；Johnson et al.，2014），但由于某些生态系统服务之间的天然矛盾（Zheng et al.，2019），总是需要主动或被动地对不同生态系统服务做出取舍。过去40年以经济发展为导向的快速发展策略造成生态系统服务的严重退化（王志芳等，2019），掌握生态系统服务之间的关系及其影响因素，优化多种生态系统服务的供给，从而实施新的生态发展策略（Zheng et al.，2019），对于生态文明建设具有重要意义。

　　一般来说，生态系统服务间的关系主要包括权衡和协同，这种关系可以是单向的，也可以是双向的，可以是正面的，也可以是负面的（Bennett et al.，2009）。权衡（trade-off）是指某些类型生态系统服务的供给受到其他类型生态系统服务消费增加而减少的情况（Rodríguez et al.，2006），其根源是人类对生态系统服务的选择偏好（傅伯杰等，2016），即扩大特定类型生态系统服务的消费，而有意或无意地削弱其他类型生态系统服务的供给。权衡的研究是实现生态系统可持续管理的前提（郑华等，2013），已经引起学界与决策层的高度关注（戴尔阜等，2016；Deng et al.，2016；彭建等，2017）。协同（synergy）是指两种及两种以上的生态系统服务的供给同时增加或减少的状况（Willemen et al.，2010）。

　　关于生态系统服务关系的研究成为近年来热点之一（巩杰等，2019），李鹏等（2012）将生态系统服务权衡作用总结为两种主要类型：①供给服务之间的权衡；②供给服务与其他服务之间的权衡。李晶等（2016）认为调节型生态系统服务与供给型生态系统服务之间存在着此消彼长的权衡关系。李双成等（2013）在总结生态系统服务权衡和协同研究进展的基础上，从地理学视角提出了相关议题，包括服务供需的时空异质性、权衡与协同的形成机制、尺度依存和区域差异等，拓展了相关研究的深度和广度。傅伯杰等（2014）认为生态系统服务之间的相互关系，即权衡和协同的关系是未来生态系统服务的发展趋势之一，并认为目前研究仍以定性为主。曹祺文等（2016）认为目前生态系统服务权衡与协同的理论基础主要源于地理学和生态学等自然科学，亟须加强对经济学等社会科学理论的引入和应用，构建多学科交叉的生态过程-服务-权衡与协同-人类福祉的综合研究框架。

　　21 世纪以来，国内外对于生态系统服务关系研究案例逐渐增多。葛菁等（2012）以坡度为指标构建了二滩水库集水区 10 种未来土地覆被格局情景，对 3 种主要的调节服务（减轻水库泥沙淤积、减轻水库面源污染、产水发电服务）进行权衡，发现除极端模式外，以坡度 6° 上下划分林地和耕地的土地覆被模式综合效益最高。饶胜等（2015）考虑了草地生态系统畜产品供给和防风固沙两种服务，运用极值法构建模型，对正蓝旗草地生态系统服务的利用进行权衡分析，得出了草地生态系统服务价值达到最大化时各草地类型的利用率，为该地区草畜平衡政策和生态补偿政策的制定提供了依据。白杨等（2013）基于 InVEST 模型，对白洋淀流域 7 种生态系统服务的空间分布进行了模拟，并通过情景分析，认为保护情景模式下能最好地协调保护与发展之间的矛盾，实现区域经济与环境的可持续发展。潘影等（2013）分析了西藏草地两项供给服务（载畜支持、肉类供给）和两项调节服务（水源涵养、碳吸收）之间的相互作用随纬度、海拔及时间变化的规律。发现供给服务和调节服务内部为相互协同作用，而之间的关系则随海拔和纬度的上升，由相互竞争转变为相互协同，在高纬度时则无相互作用，且在中纬度和中高海拔呈协同关系时，总体水平较高。郝梦雅等（2017）研究了关中盆地净初级生产力（NPP）、土壤保持和食物供给三种生态系统服务的权衡和协同关系，并分析其动态变化特征，结果表明 NPP 与土壤保持呈现协同关系，而 NPP 与食物供给、土壤保持与食物供给呈现权衡关系，且近 13 年来生态系统服务呈现冲突加强协同减弱的趋势。张宇硕等（2019）对京津冀地区 4 种生态系统服务的关系进行了研究，发现粮食生产与水源涵养、粮食生产与土壤保持表现出权衡关系，水源涵养与土壤保持表现为协同关系，且呈增强趋势。Egoh 等（2009）基于图示化的方法对南非的评估表明生物多样性与生态系统服务之间存在协同效应，各自的保护行动可以起到相互促进作用。Maes 等（2012）在欧洲尺度上评估了生物多样性、多种生态系统服务和生境的保护状态及其相互之间的关系，采用主成分分析及相关分析等得出生物多样性与生态系统服务供给之间呈正相关，但相关程度受生态系统服务（特别是农产品与调节服务）之间权衡关系的影响；基于逻辑斯蒂回归模型预测了三种生境保护状态下生物多样性和生态系统服务的发展状况，表明良好的生境可提供更多的生物多样性，并具有更高的生态服务供给能力。此外，美国斯坦福大学、世界自然基金会和大自然保护协会联合开发了专门用于生态系统服务权衡协同研究的综合评估模型——InVEST（Integrate Valuation of Ecosystem Services and Tradeoffs），该模型基于 GIS 平台，具有较强的空间分析功能，且可以图示化结果，得到了广泛应用。如 Nelson 等（2009）利用 InVEST 对俄勒冈州威拉米特盆地设定了三种土地利用变化的情景模式，发现生态系统服务得分高的情景模式同时生物多样性也较高；而倾向于发展的情景模式商品生产服务更高，但生物多样性保护和生态系统服务水平较低；认为以直观的方式在空间上量化生态系统服务并分析其相互之间的权衡效应，可以更有效地制定自然资源的相关政策。

国内外对于生态系统服务关系的研究已有较多探索，常用的研究方法包括叠置分析法、玫瑰图法、主成分分析法、聚类法和统计分析法等。实际研究中常常会综合运用多种方法对生态系统服务之间的关系进行探讨和分析。叠置分析法借助 GIS 工具对不同生态系统服务的空间分布进行叠置，可以直观地展示不同生态系统服务空间分布的一致性，从而解释生态系统服务之间的相互关系，对于鉴别管理的优先区非常有用（Vallet et al.，2018）。玫瑰图法可以方便地对不同时段、不同土地利用类型或区域的生态系统服务关系进行直观表达与对比分析（Qiao et al.，2019a；郝梦雅等，2017；李晶等，2016；杨晓楠等，2015）。主成分分析法通常用于识别生态系统服务簇，以研究生态系统之间的关系，结合聚类分析，可根据不同生态系统服务供给特征进行管理单元的划分，从而提高管理决策的针对性。统计分析可以快速识别和定量比较生态系统服务之间的关系，特别是相关分析，通过观察两种生态系统服务间相关系数（Pearson 或 Spearman）的绝对值大小及正负方向来判断生态系统服务之间的关系（彭建等，2017），相关分析被广泛用于判断生态系统服务间的关系类型及相关程度，是目前最常用的方法（Chen et al.，2020；Li et al.，2018；Lin et al.，2018；Locatelli et al.，2014；Orsi et al.，2020；Sun et al.，2018；Xu et al.，2019）。除相关分析外，回归系数也常被用于量化生态系统服务的关系（孙艺杰等，2017）。此外，均方根误差（Bradford et al.，2012；Liu et al.，2019）、生产可能性边界（杨晓楠等，2015）和约束线法（Qiao et al.，2019b）等一些新的统计模型与指标也被运用到权衡研究中，显示出统计分析方法仍将是未来一段时间的常用方法。

以上方法大多是从全局（global）角度评价整个研究区生态系统服务的关系及其强度，无法充分体现空间差异性，从局域（local）角度进行的相关研究较少。少数研究利用长时间序列数据从局域角度展现生态系统服务的关系（Xu et al.，2019；Zhang et al.，2020），但每次分析的图示结果只能展现一对生态系统服务的关系。事实上，研究区内同一个评价单元存在多种生态系统服务，相互之间存在多种关系，其类型及程度都有所不同。一对关系表现为权衡，另一对则可能表现为协同；而同一对服务的关系在不同评价单元表现也不一样，在某评价单元表现为权衡，在另一个评价单元可能表现为协同，而同时展现研究区内多对生态系统服务之间的关系及其强度一直是难题（Zhang et al.，2020）。对于决策者来说，常常需要从局部角度掌握管理区域每个评价单元内主要生态系统服务之间的关系类型及其强弱程度，以及主导生态系统服务关系的空间差异，从而在制定政策时做到因地制宜，更具针对性。从目前的研究现状来看，此类相关实证案例较为缺乏。

1.2 生态系统服务及其关系的梯度效应

空间梯度是指沿某一方向景观特征有规律地逐渐变化的空间特征（傅伯杰等，2001）。生态系统服务往往沿环境因子的变化呈现出一定的空间梯度效应，相关研究可为区域生态系统服务优化策略以及区域生态系统管理及保护提供决策依据（马琳等，2017；潘竟虎等，2017）。有研究（Herrero-Jáuregui et al.，2018；McDonnell et al.，1997）对乡村-城市过渡带的生态系统服务的梯度效应进行了研究，结果表明，大部分生态系统服务在乡村一城市过渡带中呈现随城市化水平的提高而递降趋势（Radford et al.，2013；Ye et al.，2018）。Kroll等（2012）以德国东部的莱比锡-哈勒地区为案例，探讨了能源、食物和水三种服务的供给和需求沿乡村-城市的梯度变化，表明该地区1990—2007年经历了社会经济和土地利用的显著变化。生态系统服务的供给和需求沿乡村-城市梯度呈明显的梯度性：三种服务的供给都呈递增趋势，以食物供给最为明显；能源和食物的需求明显呈递降趋势，而水的需求则存在两个高峰和两个低谷；并认为这种梯度的变化首先取决于土地利用的强度，其次还有土地覆被的变化等。Radford等（2013）以英格兰大曼彻斯特区域为案例，沿乡村-城市过渡带，根据不透水地表比例划分为乡村、半城市化、郊区和城市 4 种类型，研究了 9 种生态系统服务的梯度效应，结果表明大部分服务随城市化的提高而呈递降趋势。Stoll等（2015）利用覆盖欧洲的长期生态研究网络（LTER）的 28 个站点数据对不同土地利用类型所提供生态系统服务的空间梯度性进行了研究。其结果表明，生态系统服务在径向和维向上呈现出明显的梯度，在水生系统和湿地系统中尤其显著；而在人工生态系统中较差。Mario等（2018）研究发现以农业和半自然土地覆被类型为特征的农村景观中，生态系统服务具有较高的价值，而城市地区往往具有较低的生态系统服务价值，土地利用强度是影响其梯度差异的关键因素。但也有研究表明如果城区植被条件状况较好也可提供较高的生态系统服务，如Larondelle等（2013）对欧洲 4 个乡村一城市过渡带的研究结果则表明核心城区的生态系统服务不一定比其他区域低，如果城区包含大量的成熟森林，则可以提供更高的碳存储和生物多样性服务。Francisco等（2016）的分析也发现尽管由于城市化进程而增加了不透水表面，但植被覆盖率也有所增加，导致部分生态系统服务的供给反而会得到一定改善。因此，生态系统服务随城乡梯度变化取决于生态系统服务类型及案例区植被的具体状况。

国内过去关于生态系统服务梯度效应研究较少，多集中于利用价值化方法开展相关研究，除早期个别案例外，近年来多侧重于地形梯度（陈奕竹等，2019；高清竹等，2002；彭建刚等，2010；石垚等，2018；王凤珍等，2011；王晓峰等，2016；杨锁华等，2018；赵艳霞等，2014）。除地形梯度外，李全等（2017）和欧维新等（2018）采用梯度环分析的方法发现随着距离城市中心区越近生态系统服务价值下降越显著，距离越远生态系统服务价值上升越显著。徐煖银等（2019）基于网格法分析发现赣南丘陵地区生态系统服务与人为干扰度存在极为显著的空间集聚特征，高（生态系统服务）一低（人为干扰度）型集聚区主要分布于人类活动较少的山区。Liu等（2019）对太行山的研究表明，土壤保持和生物多样性随植被覆盖度三个级别梯度的增加而提高，而产水量呈下降特征。Xu等（2016）根据土地利用强度将河北省怀来县各乡镇分为低、中、高三个组别，发现随着土地利用强度的增加，食物供给呈增加趋势，而调节服务呈下降趋势。

综合来看，关于生态系统服务梯度效应的系统研究仍偏少，仍处于定性比较阶段，将影响因子分区分级后，将不同分级的生态系统服务的供给进行统计，然后进行对比分析（Liu et al.，2019；Xu et al.，2016），分级主观性较强，其趋势存在极高的不稳定性，不能完全反映出生态系统服务的梯度效应，缺乏针对典型影响因子，客观识别突变点，并系统分析生态系统服务梯度效应的研究。与此同时，生态系统服务关系也存在梯度效应，相较于前者，尚未受到广泛关注，很少学者对其进行研究（Santos - Martín et al.，2019），而生态系统服务关系的梯度效应对于政策制定者更具参考价值。

1.3　过渡带相关概念辨析

过渡带、交错带与边界层等概念常出现在不同文献中，通常冠以生态二字，以示为生态学领域名词，其内涵时有变化，有时被认为是同义语（常学礼等，1999；王庆锁等，1997），但细究又略有差别，为便于开展研究，此处对各术语含义的差异进行说明。其中，交错带（ecotone）与过渡带（transitional zone）含义接近，常相互混用。前者最早由 Clements（1905）提出，为群落尺度，后扩展到生态系统尺度，即"相邻生态系统之间的交错带，其特征由相邻生态系统相互作用的空间、时间及强度所决定"（Holland，1988），所指范围较窄，早期也被译作"生态环境脆弱带"（牛文元，1989）。后者除生态系统外，还涵盖了气候和地理上的概念，略为宽泛（朱芬萌等，2007）。而 Cadenasso 等（2003）提出生态边界层（ecological boundary），试图从更为综合的角度来促进生态交接区域的研究发展（朱芬萌等，2007），这一概念涵盖了常见术语的含义，但过于宽泛，丧失了生态系统相互作用及梯度变化的内涵。本书的研究区不仅包含了生态系统上的"交错地带"，还涵盖了地理上的过渡地带及生态系统和人类利用的相互关系。综合分析，采用"过渡带"这一名词更符合本书所开展的相关研究。

陆地系统由于地带性和非地带性因素的作用，分异呈不同等级的子系统，两个属性不同的系统相连接的地带即为过渡带（李克煌，1996），往往具有不同于两侧系统的独特性，具有边际效应或边缘效应（丁圣彦，2006），使得过渡带常拥有丰富的地貌、植被类型、生物多样性及自然资源，同时自然灾害多发，属于生态脆弱区和敏感区（Di Castri et al.，1988；钟兆站等，1998）。如李克煌（1996）、管华（2006）等以秦岭-黄淮平原过渡带为案例进行了系统研究，发现过渡带具有暴雨积聚、减水效应及暖坡效应等诸多边际效应。马建华等（2004）发现秦岭-黄淮平原过渡带植被类型和植物成分具有明显的经纬双向性，并认为过渡带自然地理系统的稳定性较差，易受系统内外干扰的影响，属于自然地理脆弱区或敏感区。王纪武（2009）指出山地平原生态交错带是我国城镇发展的重要区域，其生态过程具有显著的梯度变化。

本书所选的研究区为典型的山地平原过渡带，与北京市浅山区高度重合，人类干扰强，容易造成环境破坏，对其特殊生态功能、生态过程和生态格局开展研究，对保障城镇生态安全、科学引导城镇空间发展具有极其重要的价值（王纪武，2009），已引起政府高度重视。《北京城市总体规划（2016 年—2035 年）》提出要将浅山区建设成为首都生态文明示范区。同时，《北京市浅山区保护规划（2017 年—2035 年）》（草案）也以首都生态文明示范区和首都城市建设发展的第一道生态屏障为目标，要将浅山区建设成为首都环境治理能力展示窗口、特大城市生态文明示范地区、山区居民共享共生美丽家园和千年古都历史文脉传承源地。

综上，本书以北京湾过渡带为研究区，基于多种尺度，针对典型生态系统服务开展研究，摸清生态系统服务之间的定量关系，揭示生态系统服务及其关系的梯度效应，掌握不同利益相关者的选择偏好，有助于决策者在制定政策时从全局和局域两个角度出发，顾及不同区域之间的差异，优化生态系统服务供给策略，从而实现不同利益相关者的效益最大化，对于促进区域可持续发展具有实际应用意义。另外，本书在开展生态系统服务关系及梯度效应相关研究时探索了诸多方法，对于类似研究也可提供借鉴意义。

第2章 北京湾过渡带

2.1 北 京 概 况

北京市位于华北平原西北部,地理坐标介于北纬 39°28′~41°05′、东经 115°25′~117°30′之间,东面与天津市毗连,其余均与河北省相邻。东西宽约 160km,南北长约 176km,全市总面积 1.64 万 km²,其中山区约占 60%,平原 区约占 40%。根据 2016 年北京统计年鉴❶,截至 2015 年,北京市行政区划共包 括 16 个区,150 个街道办事处,143 个镇,38 个乡。按功能区划可分为首都功能 核心区,包括东城区和西城区;城市功能拓展区,包括朝阳区、海淀区、丰台区和 石景山区;城市发展新区,包括昌平、顺义、通州区、大兴区和房山;生态 涵养发展区,包括平谷区、怀柔区、门头沟区、密云区和延庆区(见图 2-1)。

图 2-1 北京市行政区划图

---

❶ (http://nj. tjj. beijing. gov. cn/nj/main/2016−tjnj/zk/indexch. htm)

8

2.2 范 围 识 别

从地形图上看，北京市沿房山、门头沟、昌平、怀柔、密云和平谷的山地与平原交界处形成一个敞开半圆形山湾，美国地质学家 Bailey Willis 1907 年首次将其称为"北平湾"（即北京湾），我国著名历史地理学家侯仁之先生对此进行了详细描述（侯仁之，2013）。该区域属于自然地理脆弱区或敏感区，是典型的山地-平原过渡带，其生态过程具有显著的梯度变化；同时也是乡村-城市过渡带，人类活动干扰强烈，利益相关者众多，是保护和发展矛盾集中的分布区域，是开展生态系统服务相关研究的优选区域，本书称其为"北京湾过渡带"。

从一般概念来讲，北京湾的空间尺度较大，有时用来代指整个北京地区；而过渡带常用于描述两个不同属性系统相连接的地带。可以看出，无论是北京湾，亦或是过渡带，两个概念都具有模糊性，对其范围进行识别，确定其精确的边界困难较大。从地理分布上看，北京湾过渡带与浅山地区高度重合，如俞孔坚等（2009）认为北京市的浅山区是山地和平原的过渡地带，对北京市生态系统至关重要。而《北京市浅山区保护规划（2017 年—2035 年）》（草案）以北京高程系 100～300m 的浅山本体为基础，以乡镇（街道）为基本单元，划定了浅山区的规划范围。综合考虑以上因素，本书主要考虑研究区地形地貌特征，兼顾行政区界限，将北京市范围内海拔 100～300m 的区域作为主体，并适当外延至山脊线，将其所涉及的乡镇和街道办事处作为研究区，共涉及北京市 11 个区的 85 个乡镇及街道办事处，面积共计 7416.60km²，占北京市总面积的 45.19%。该范围基本囊括了北京湾的主体，并体现出明显的过渡特性，将其作为本书所指的"北京湾过渡带"。

该区域内地貌类型丰富，分布有中山、低山、丘陵、台地和平原等多种地貌类型。生态系统多样，从西北到东南，逐渐由森林、灌丛、草丛向农田和城市过渡。生物多样性丰富，涉及诸多自然保护地和较大面积的生态保护红线。矿产资源丰富，西部山区分布有煤田，而东北部山区以铁矿及有色金属较多。农业发展多样，种植有小麦、玉米、大豆等农作物及板栗、桃、梨、核桃等多种经济林。人文资源同样丰富，拥有诸多世界级和国家级的文物保护单位。同时该区域也属于生态环境的敏感区，滑坡、泥石流等自然灾害较多；且由于紧邻北京城区，由自然/半自然生态系统快速转化为人工生态系统，生态系统极为脆弱。研究区遥感影像见图 2-2。

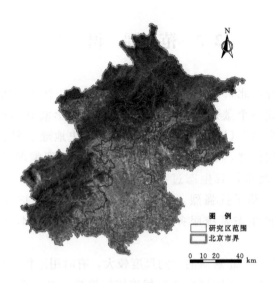

图 2-2　研究区遥感影像图（2015 年）

2.3　研究尺度

考虑到生态系统过程具有明显的尺度效应，本书拟在栅格尺度和乡镇尺度（见图 2-3）分别开展研究，在不同空间尺度揭示生态系统服务及其关系的特征。

2.3.1　栅格尺度

以所识别的北京湾过渡带为范围，基于 ArcGIS 平台，利用 fishnet 工具划分 1km×1km 的网格，每个网格所含区域须全部位于研究区内，共计获取栅格 6779 个，对每一个栅格赋予唯一编码，作为栅格尺度的研究单元进行相关分析。

2.3.2　乡镇尺度

考虑到乡镇是政策制定和实施的行政主体，也是部分社会经济数据统计的基本单元，对于生态系统服务评估具有重要影响，将研究区范围内共计 85 个乡镇（含街道办事处，后文统一用乡镇代替）作为研究单元进行分析，研究生态系统服务及其关系的特征，行政区划参照 2015 年区划。

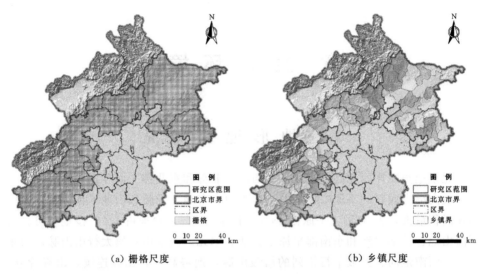

（a）栅格尺度　　　　　　　　　　（b）乡镇尺度

图 2-3　研究区尺度划分

2.4　研　究　内　容

本书以北京湾过渡带为案例区，基于栅格和乡镇两个尺度，主要针对以下内容开展研究。

（1）选择典型生态系统服务进行量化评估并进行空间化，识别生态系统服务的热点供给区和不同尺度供给单元的主导生态系统服务。

（2）从全局角度评价生态系统服务之间的关系，识别不同尺度下的生态系统服务簇，研究各簇与环境因子之间的关系，并基于此对研究区进行分区，分析各区生态系统服务的供给特征。

（3）从局域角度量化生态系统服务关系的强度，并在不同尺度对其强弱的分布情况进行空间化，统计分析生态系统服务之间的两两关系，揭示每种关系的构成，识别不同尺度供给单元的主导关系，并选择典型生态系统服务关系和典型乡镇进行案例分析。

（4）探索不同生态系统服务及其关系随典型地形、植被、气象和社会经济因子变化的梯度效应，客观识别生态系统服务及其关系对各因子变化的突变点。

（5）针对不同利益相关者，对其生态系统服务的选择偏好和未来发展倾向开展问卷调查，分析不同背景人群所关注生态系统服务的差异，为相关决策提供依据。

第 3 章　生 态 环 境 状 况

3.1　地 形 地 貌 概 况

　　北京地势整体西北高、东南低。西部、北部和东北部三面环山，东南部是一片缓缓向渤海倾斜的平原。按地形分为平原、台地、丘陵和山地 4 种类型，其中山地面积最大，占 51%，平原占 43%，丘陵占 5%，台地占 1%。按地貌可分为西部山地、北部山地和东南部平原三大地貌单元。西部山地属太行山山脉，为东北——西南走向、大致平行排列的褶皱山脉，地势高亢，山体连续，山峰耸立，土层浅薄，多为石灰岩，主要山峰包括东灵山（主峰海拔 2303m）、百花山（主峰海拔 1991m）等。北部山地为军都山，属燕山山脉，与内蒙古高原相连，呈东西走向、镶嵌着许多山间盆地的断块山地，地势西高东低，山体比较分散，多低山丘陵，坡度平缓，盆地开阔，广泛分布着花岗岩，主要山峰包括大海坨山（主峰海拔 2241m）、黑坨山（主峰海拔 1534m）、云蒙山（主峰海拔 1414m）等。两条山脉在南口关沟相交，形成一个向东南展开的半圆形大山湾，即"北京湾"，东南部平原由永定河、潮白河等河流冲积、洪积形成，地势平坦广阔（崔国发等，2008）。研究区处于三大地貌单元的交界部位，海拔高差达 2000m 以上，地形地貌复杂，主要为低山丘陵，西南部房山区白草畔、北部怀柔区的黑坨山、密云区的云蒙山是研究区海拔较高的地区。北京市地形地貌如图 3-1 所示。

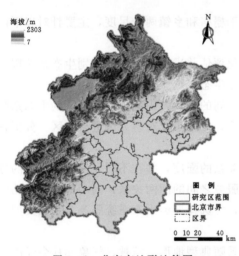

海拔/m
2303
7

N

图 例
研究区范围
北京市界
区界

0 10 20　40 km

图 3-1　北京市地形地貌图

3.2　气 候 概 况

　　北京气候属典型的暖温带半湿润大陆性季风气候，四季分明，夏季炎热多雨，冬季寒冷干燥，春秋短促。风向有明显的季节变化，冬季盛行偏北风，寒冷干燥；夏季盛行东南风，温暖湿润。水热的时空分配很不均衡。多年年平均气温10～13℃，最冷月1月平均气温—4.05℃，最热月7月平均气温25.97℃。全年无霜期180～200天。受地形和大陆季风的影响，降水量时空分配很不均匀，年际变化大，最丰年和最枯年相差5倍以上，多年年平均降雨量在600mm左右；年内降水则75%集中在夏季，7—8月常有暴雨，而冬春雨雪少，常有春旱发生。在空间分布上，多年年平均降雨量为400～800mm，西南、西、北部山前地区，年降雨量可达700mm左右。太阳辐射量多年年平均为470～570kJ/cm²，太阳能资源丰富，年均日照时数为2000～2800h（崔国发等，2008；张彪，2016）。

3.3 水 系 概 况

北京属海河流域，分布有大小河流200多条，长2700km，形成了永定河、潮白河、大清河、北运河及蓟运河五大水系，从山区流入平原注入渤海。除北运河水系发源于北京市昌平山区以外，其余四大水系发源于山西省或河北省，属于过境河流。根据北京市水务局发布的《北京市水资源公报(2015)》，2015年全市水资源总量为26.76亿m³，人均水资源占有量为123m³，远远低于国际人均1000m³的缺水下限，属重度缺水地区。研究区处于山地平原过渡区，五大水系都有所涉及，以潮白河水系和大清河水系为主，在房山、怀柔和平谷的山前地区降雨量较为丰富，但整体水资源量都较为缺乏。北京市水系分布示意如图3-2所示。

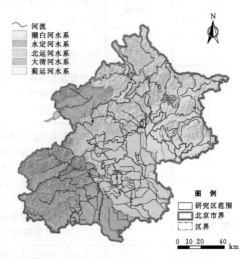

图3-2 北京市水系分布示意图

3.4 植 被 概 况

北京地带性植被类型为暖温带落叶阔叶林并间有温性针叶林的分布，灌木也占有较大比例，在山地高海拔地区存在一些草甸，河流和水库存在湿地植被，农田多分布于平原区，城区多以公园绿地为主。通过近年来植被保护、恢复和相关管理的有效措施，植被整体状况不断改善和恢复。

由于人类活动的干扰，北京的天然林已所剩无几，大部分为人工种植，森林主要以油松林、侧柏林、各种栎林、刺槐林和山杨林等为主。在中山、低山和丘陵地区广泛分布有落叶阔叶灌丛，包括荆条灌丛、绣线菊灌丛、山杏灌丛等。北京市主要植被群系及其分布见表3-1。在东灵山、百花山和海坨山等海拔1800m以上的地区分布有亚高山草甸，草本植物丰富，但结构和功能单一，对环境敏感。在河流、湖泊、水库和大型水渠等存在一些湿地植被，主要有芦苇沼泽、香蒲沼泽和一些浅水植物群落等。在平原区和浅山区还分布有一定规模的经济林，如板栗林、核桃林、山楂林、柿子林、杏树林、桃树林等；农作物则包括小麦、谷子、玉米等，主要分布于平原、低山丘陵、河谷和山间盆地。城市公园多以栽培植被为主。研究区处于森林、灌丛向农田的过渡地区，以上植被类型基本都有所覆盖，较为丰富。

表3-1 北京市主要植被群系及其分布（主要整理自季延寿等，2008）

植被型组	植被型	群系	分布
森林	常绿针叶林	油松林	各山区均有分布，主要分布于在海拔200~1000m排水良好的阴坡、半阳坡，海拔1000m以上阳坡也有分布，是北京重要的生态公益林
		侧柏林	主要分布在北京山区海拔900m以下的阳坡和半阳坡，在酸性岩类及石灰岩母质发育的褐土上均能正常生长，在暖温带落叶阔叶林区分布很广
	落叶针叶林	华北落叶松林	主要为人工林，在北京较高海拔的山区有较大面积的分布，少量天然的华北落叶松林见于北京东灵山、百花山和大海陀山海拔1650~2000m的阴坡
	落叶阔叶林	蒙古栎、辽东栎、栓皮栎、槲栎等各种栎林	栎林是北京山区落叶阔叶林的典型代表，各山区都有分布，是重要的生态公益林。蒙古栎林是北京山区地带性的落叶阔叶林顶极群落之一，垂直分布幅度为海拔400~1700m，以阴坡和半阴坡居多。辽东栎在海拔400~1700m阴坡、阳坡均有分布，在海拔较低的低山上，辽东栎分布在阴坡；在海拔较高处，则分布在阳坡。栓皮栎主要分布在海拔700m以下的低山丘陵阳坡。槲栎主要分布在房山和北部海拔600~1350m阴坡和半阳坡
		刺槐林	在海拔800m以下低山丘陵区广泛分布，主要为人工栽培，很多已归化为自然林或半自然林
		山杨林	各山区均有分布，主要分布海拔800~1400m阴坡、半阳坡或沟谷土壤条件较好的地段，在海拔1000m以上阳坡也有少量出现
		椴树林	主要是蒙椴、紫椴、糠椴3种，其中，紫椴分布面积较小，糠椴分布海拔较低，蒙椴分布范围较广。椴树喜阴湿，对土壤条件要求严格，生长在湿润、肥沃和土层深厚的棕壤上，生长在阴坡和半阴坡
		白桦林	为次生林，主要分布1100~1400m的阴坡、半阴坡及海拔1000m左右的沟谷
		杂木林	广泛分布在北京各山区，群落结构复杂，种类多，主要分布在海拔700~1600m山体的阳坡，有许多重要的生态公益树种，如椴树、桦木、核桃楸等

植被型组	植被型	群系	分 布
灌丛	落叶阔叶灌丛	荆条灌丛	是山区分布面积最大的灌丛类型，是在原生植被破坏后形成的次生灌丛，广泛分布在山区海拔900m以下的阳坡，气候较干燥地区海拔600m以下的阴坡也有广泛分布
		山杏灌丛	分布较广，多生长在800～1000m的山体阳坡
		绣线菊灌丛	各区均有分布，生长于低山向阳坡地。三裂绣线菊灌丛主要分布在海拔1100m以下的阴坡；土庄绣线菊灌丛分布在海拔900～1400m阳坡
		黄栌灌丛	多生长于半阴而干燥的山地，是秋季重要的观赏植物
		酸枣灌丛	广布，生长于向阳山坡、山谷的沟边

3.5 土 壤 概 况

北京市土壤成因复杂，类型多样，地带性土壤为褐土。山地的森林土壤主要为棕壤、褐土和山地草甸土三大类型，海拔800m以下的低山丘陵区主要分布着褐土，海拔600m以上（北山）和海拔900m以上（西山）至1800m的中山主要为棕壤，海拔1800m以上的山地主要为山地草甸土。东南部冲积平原主要为潮土，大部分被开垦为农田（肖能文等，2018）。

3.6 生 态 保 护 概 况

目前北京市有维管束植物2088种，陆生脊椎野生动物581种，生物多样性丰富度在国际大都市中排名前列。分布有百花山-东灵山-龙门涧-黄草梁、松山-玉渡山-太安山-龙庆峡、喇叭沟门-帽山、十渡-上方山-石花洞、雾灵山-古北口、八达岭-黑坨山-云蒙山、黄松峪-锥峰山等7个生物多样性中心区域。为了保护北京市丰富的生物多样性，目前已建设有自然保护区、风景名胜区、森林公园、湿地公园和地质公园等5类79处自然保护地，占地面积约3680km²，约占市域面积的22%，基本形成了布局科学、层次结构合理的自然保护地体系，全市90%以上国家和地方重点野生动植物及栖息地已得到有效保护，为首都生态安全发挥了重要的屏障作用❶。此外，为了保护生态空间范围内具有特殊重要生态功能的区域，根据《北京市人民政府关于发布北京市生态保护红线的通知》（京政发〔2018〕18号），北京市还划定了生态保护红线，面积为4290 km²，占市域

---

❶ （http://www.beijing.gov.cn/ywdt/gzdt/202105/t20210523_2395856.html）

总面积的 26.1％，主导生态功能包括水源涵养、水土保持和生物多样性维护等。

　　研究区范围涉及 7 个生物多样性中心中的 4 个，十渡-上方山-石花洞、雾灵山-古北口、八达岭-黑坨山-云蒙山和黄松峪-锥峰山，分布有拒马河市级水生野生动物自然保护区、怀沙河怀九河市级水生野生动物自然保护区、云蒙山市级自然保护区、云峰山市级自然保护区、雾灵山市级自然保护区、石花洞市级自然保护区、四座楼市级自然保护区和蒲洼市级自然保护区共计 8 个自然保护区，以及西山国家森林公园等 34 个其他自然保护地，占全市自然保护地数量的一半以上。另外，研究区范围内还包含生态保护红线面积约 2600km²，约占全市红线总面积的 60％。

第4章 社会经济状况

4.1 人口概况

截至 2015 年，北京市常住人口 2170.5 万人，其中常住外来人口 822.6 万人，占常住人口的比重为 37.9%，多分布在城市功能拓展区和城市发展新区；常住人口中，城镇人口 1877.7 万人，占常住人口的比重为 86.5%，多分布在城市功能拓展区和城市发展新区；乡村人口 292.8 万人，占常住人口的比重为13.5%，多分布在城市发展新区和生态涵养发展区。全市人口分布严重不均，核心区人口密度最高，每平方千米人口超过 2 万人，而生态涵养区每平方千米仅200 余人。

研究区范围涉及的几个区中，属于城市功能拓展区的朝阳区、海淀区、石景山区和丰台区人口密度较高，而生态涵养发展区的怀柔区和密云区的人口密度较低。总体来说，人口密度从东南到西北呈降低趋势。北京市常住人口分布概况见表 4-1。

表 4-1　　　　　　　　　北京市常住人口分布概况

地　区	土地面积 /km²	常住人口 /万人	常住人口密度 /(人/km²)
全市	16410.54	2170.5	1323
首都功能核心区	92.39	220.3	23845
东城区	41.86	90.5	21620
西城区	50.53	129.8	25688
城市功能拓展区	1275.93	1062.5	8327
朝阳区	455.08	395.5	8691
丰台区	305.80	232.4	7600
石景山区	84.32	65.2	7732
海淀区	430.73	369.4	8576
城市发展新区	6295.57	696.9	1107
房山区	1989.54	104.6	526
通州区	906.28	137.8	1521

续表

地 区	土地面积 /km²	常住人口 /万人	常住人口密度 /(人/km²)
顺义区	1019.89	102.0	1000
昌平区	1343.54	196.3	1461
大兴区	1036.32	156.2	1507
生态涵养发展区	8746.65	190.8	218
门头沟区	1450.70	30.8	212
怀柔区	2122.62	38.4	181
平谷区	950.13	42.3	445
密云区	2229.45	47.9	215
延庆区	1993.75	31.4	157

数据来源：北京统计年鉴 2016，http：//nj.tjj.beijing.gov.cn/nj/main/2016-tjnj/zk/indexch.htm。

4.2 经 济 发 展 概 况

根据《北京市 2015 年暨"十二五"时期国民经济和社会发展统计公报》，2015 年北京地区生产总值 22968.6 亿元，比上年增长 6.9%。其中，第一产业增加值 140.2 亿元，下降 9.6%；第二产业增加值 4526.4 亿元，增长 3.3%；第三产业增加值 18302 亿元，增长 8.1%，第三产业增加值占全市地区生产总值的比重不断上升，由 2010 年的 75.5% 提高到 2015 年的 79.8%。人均地区生产总值达到 106284 元。

北京市 2015 年完成一般公共预算收入 4723.9 亿元，一般公共预算支出 5751.4 亿元，其中，用于城乡社区、节能环保的支出分别增长 77.9% 和 42.1%。全年全市居民人均可支配收入达到 48458 元，其中，城镇居民人均可支配收入 52859 元，农村居民人均可支配收入 20569 元。全年全市居民人均消费支出达到 33803 元，城镇居民人均消费支出达到 36642 元，农村居民人均消费支出达到 15811 元。

2015 年粮食播种面积 10.4 万 hm²，比上年减少 1.6 万 hm²，粮食产量 62.6 万 t，下降 2.0%；粮食亩产 399.8kg，增长 12.7%。全年接待入境旅游者 420 万人次，接待国内旅游者 2.7 亿人次，国内外旅游总收入为 4607.1 亿元。

总体来看，北京市第三产业增加值比重不断增加，第一产业增加值逐渐下降，耕地面积和粮食产量都有所减少，城镇和农村居民的可支配收入和人均消费支出差距较大。而研究区正处于北京市的乡村-城镇过渡区，经济发展水平差别大，人口结构复杂，对于生态系统服务的需求也存在不同的利益诉求，决定了该区域的发展要因地制宜，制定政策不宜搞一刀切。

4.3 土 地 利 用 概 况

　　北京市土地利用类型以林地、建设用地和耕地为主，其中林地占一半左右，主要分布于西部和北部山区，近年来通过大力实施的平原区造林工程使得东南部平原地区的林地面积也有所增加；建设用地主要分布于中心城区及各区的建成区，约占全市总面积的 20%；耕地主要分布于东南部的平原地区，近年来有所减少，占约占全市总面积的 15%。草地、水域和湿地及未利用地合计约占 10% 左右。

　　研究区同样以林地为主，面积为 4979.18km²，占研究区总面积的 67.14%；其次为建设用地，面积为 830.14km²，占 11.19%；耕地和草地面积相近，分别为 695.76km² 和 648.52km²，分别占 9.38% 和 8.74%；水域和湿地面积为 208.32km²，占 2.81%；未利用地面积最少，为 41.13km²，占比不到 1%。北京市 2015 年土地利用见图 4-1。

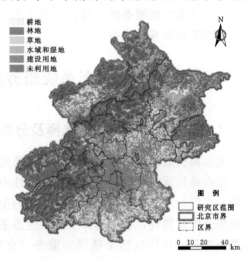

图 4-1　北京市 2015 年土地利用图

第 5 章　生态系统服务评估

本章依据研究区特点和生态系统服务的重要性，选择典型生态系统服务并进行评估，采用空间分析方法研究其空间分布格局及热点分布，从而定量化、空间化展示各生态系统服务的供给，识别生态系统单一服务和总服务的热点，为决策者制定政策提供基础依据。

5.1　生态系统服务选择及空间分析

5.1.1　典型生态系统服务选择及分类

北京湾所处的浅山区是首都建设发展的第一道生态屏障，也是生态文明示范区，生态地位重要，存在多个生物多样性中心和自然保护区，同时也面临水资源短缺、空气污染和地质灾害多发等严峻的生态问题。综合考虑研究区特点和生态系统服务的重要性，本书选择了 9 项生态系统服务进行相关研究，涵盖了四类生态系统服务，具体包括 1 项供给服务（食物供给）、6 项调节服务（水源涵养、水质调节、空气净化、碳存储、土壤保持、土壤质量调节）、1 项文化服务（休闲游憩）和 1 项支持服务（生物多样性）。

生态系统服务的形成过程十分复杂，贯穿了自然系统和社会系统（Andersson，2007）。MA 所用分类方法主要基于功能角度，不利于深入分析其格局和相关关系，以及人类的影响。生态系统是生态系统服务形成的基础，但人类活动也是生态系统服务形成的基本驱动力（刘绿怡等，2017）。为方便进一步分析，本书根据生态系统服务的形成过程及主导因素，将其分为生态系统主导的生态系统服务（ecosystem-dominated ecosystem service，EES）和人类行为主导的生态系统服务（human-dominated ecosystem service，HES）两类。EES 由生态系统及其生态过程主导，人类活动在生态系统服务形成过程中没有参与或参与很少。HES 则以生态系统及其生态过程为基础，在形成过程中就伴随着人类的偏好，其供给主要由人类行为主导。值得一提的是，所有生态系统服务同时都受生态系统和人类行为的影响，本书无意做严格区分，只是相对于 EES，人类行为对 HES 的形成过程及最终的服务供给影响很大，有时甚至是决定性的影响。就本书所评估的 9 种服务而言，人类行为对于食物供给和休闲游憩影响显著，是典型的 HES；水源涵养、碳存储、土壤质量调节、土壤保持和生物多样性则明显受生态系统影响，是典型的 EES；而对于水质调节和空气净化来说，生态系统和人类行为的影响都很重要，具体到研究区，污染物浓度对最终结果的影响要更大些，因此本书将水质调节和空气净化归类为 HES。各项生态系统服务评估所用数据以 2015 年为基准，如缺乏当年数据则用相近年份数据替代。研究区生态系统服务类型及其影响因素见表 5-1。

表 5-1　　　　　　　研究区生态系统服务类型及其影响因素

名称	类型	影 响 因 素
食物供给	HES	耕地质量及面积、人类活动
水源涵养	EES	水循环、生态系统质量、地形条件
水质调节	HES	水循环、污染物负荷、生态系统对污染物持留能力
空气净化	HES	颗粒物浓度、生态系统健康程度及对颗粒物的沉降能力
碳存储	EES	碳循环、生态系统质量、碳密度
土壤保持	EES	降雨强度、土壤质地、地形条件、土地利用、植被覆盖
土壤质量调节	EES	土壤类型及质地组成
休闲游憩	HES	自然景点密度、人类偏好
生物多样性	EES	生境质量、人类干扰

5.1.2　空间分析方法

本书采用各生态系统服务常用方法进行评估，并在栅格（1km×1km）和乡镇两个尺度开展相关分析和研究，对于评估结果采用 Natural Breaks（Jenks）分类方法对评价结果进行分级。该方法可对相似值进行最恰当地分组，使组间方差最大、组内方差最小，从而各组之间的差异达到最大化，结果较为客观（Gonzalez—Redin et al.，2016）。采用 Moran's Ⅰ指数分析每种服务的空间分布格局，表征区域相似属性值的平均集聚程度（杨振山等，2010），用于判断空间分布是聚类模式、离散模式还是随机模式。该指数范围为−1～1，如果 Moran's Ⅰ指数值为正则指示聚类趋势，如果 Moran's Ⅰ指数值为负则指示离散趋势，如果 Moran's Ⅰ指数值为 0 则指示随机分布（Zhang et al.，2020）。在此基础上，进一步采用热点分析识别每种服务供给的热点区域，并将所有服务归一化叠加后识别生态系统服务总供给热点区域，予以重点关注。热点分析采用 Getis 和 Ord 所提出的 G_i^* 系数，该方法是空间统计中常用的一种基于距离全矩阵的局部空间自相关指标（王蓓等，2016），用以探查研究区每种生态系统服务在局部地区是否存在统计显著的高值，以及在空间上发生聚类的位置（杨兴柱等，2014）。G_i^* 的统计意义可以通过一个标准化的 Z 值来检验，Z 得分大于

1.65 表示显著热点聚集，即不但要素本身的数值很高，而且被同样高值的要素包围，是高值和高值的聚集区，相反，Z 得分小于 -1.65 则表示显著冷点聚集，详细计算方法见 Getis 和 Ord（1992），结果中 "＊＊＊" "＊＊" "＊" 分别表示置信度为 99%、95%、90%。与其他分析方法相比，G_i^* 系数在自然科学领域更具优势（Li et al.，2017a），特别是在探测局部空间集聚尤其是高值集聚时更准确（张松林等，2007）。以上所用空间分析采用 ArcGIS 10.1 完成。

5.2　食　物　供　给

食物供给（food supply，FS）是种植栽培作物或农产品，供人类或动物消费的食物、纤维或能源，对于食品安全有重要意义，土地质量较高的农用地通常具有更高的作物产量（Li et al.，2016）。

5.2.1　评估方法

我国根据农用地的自然属性和经济属性，对农用地的质量优劣进行综合评定，并划分等别、级别。根据《农用地质量分等规程》（GB/T 28407—2012），农用地质量等（agriculture land quality grade）是在全国范围内，按照标准耕作制度，根据规定的方法和程序进行的农用地质量综合评定，划分出的农用地质量等别。其划分侧重于反映因农用地潜在的（或理论的）区域自然质量、平均利用水平和平均效益水平不同，而造成的农用地生产力水平差异，成果在全国范围内具有可比性。其中，农用地自然等（agriculture land physical quality grade）是在全国范围内，按照标准耕作制度，在一定的光温、气候资源条件和土地条件下，根据规定的方法和程序进行的农用地质量综合评定，划分出的农用地质量等别。可以解释为是在最优土地利用水平和最有利经济条件下，该分等评价单元内的农用地所能实现的最大可能单产水平，也可称为 "本底" 产量水平。本书基于农用地自然等构建作物生产指数，即评估区域内不同农用地自然质量等的农用地乘以对应面积并加和，来表征该区域的食物供给服务，计算公式为

$$FSI = \sum_{i=1}^{n} A_i SQ_i$$

式中：FSI 为区域食物供给指数；n 为区域内农用地自然质量等的类别；i 为第 i 等农用地自然质量等等别；A_i 为区域内第 i 等农用地自然质量等的土地面积；SQ_i 为第 i 等农用地自然质量等的值。

此处农用地指区域内现有农用地和宜农未利用地，不包括自然保护区和土地利用总体规划中的永久性林地、永久性牧草地和永久性水域。

5.2.2 数据来源与参数获取

农用地自然等及其面积来源于北京市农用地分等定级数据库。

5.2.3 空间分布

食物供给服务主要与耕地面积和耕地质量有关。食物供给较高的栅格主要分布于过渡带靠近平原的区域及山间河谷地带耕地分布较多的区域；供给较低的区域主要为山地（图5-1）。Moran's I指数为0.64（$p<0.01$），表明食物供给服务在栅格尺度呈聚集分布。其中食物供给指数超过500的高服务供给栅格共计157个，占总数2.32%，多分布于顺义区、房山区、密云区和平谷区；同时有高达3283个栅格没有耕地分布，供给指数为0，占总数48.43%。从数据分布密度图（图5-2）来看，数据密集分布于低值区，88.85%的栅格（6023个）食物供给指数低于200；总体来看，研究区栅格尺度食物供给指数平均为62.32，中位数为0.84，这与食物供给服务强烈依赖于耕地分布有关。

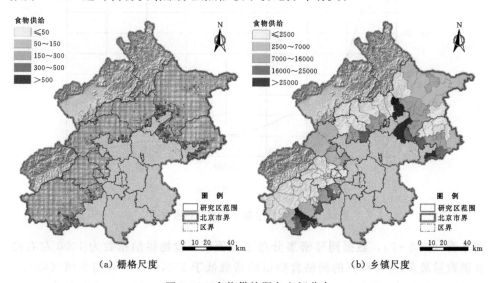

(a) 栅格尺度　　　　　　　　　(b) 乡镇尺度

图5-1 食物供给服务空间分布

乡镇尺度食物供给能力为其范围内栅格的累加值，空间分布与栅格类似，Moran's I指数为0.35（$p<0.01$），同样呈聚集分布。其中食物供给指数超过25000的高服务供给乡镇有6个，占栅格总数量的7.06%，分布于密云区（2个）、房山区（2个），顺义区（1个）和平谷区（1个）。其中平谷区东高村镇的食物供给指数最高；此外有3个乡镇无耕地分布，食物供给指数为0，分别为石景山区的金顶街街道、海淀区香山街道和门头沟区的大峪街道。从数据分布密度

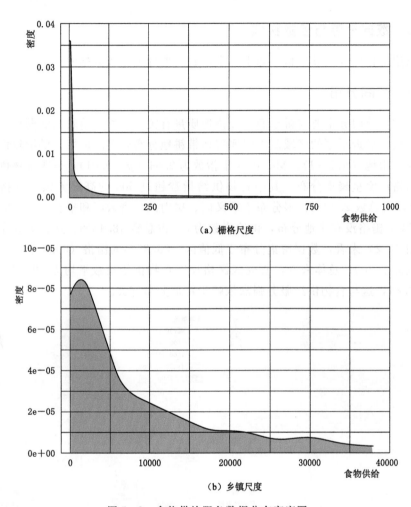

图 5-2   食物供给服务数据分布密度图

图来看（图 5-2），数据同样密集分布于低值区，食物供给指数为 1000 左右的乡镇数量最多，88.85% 的栅格食物供给指数低于 200，72.94% 的乡镇（62 个）食物供给指数小于 10000。乡镇尺度平均食物供给指数为 7276，中位数为 2424。平均数同样远大于中位数。

5.2.4   热点分布

食物供给服务在栅格尺度和乡镇尺度的供给热点均位于靠近平原区的部分，在栅格尺度为没有冷点，乡镇尺度冷点位于门头沟区与房山区交界区域，整体与耕地分布密切相关。热点栅格共计 1031 个，占总数的 15.21%，但供给量却占总供给量的 71.65%，其平均供给指数是区域整体平均值的近 5 倍。热点乡镇共计 15 个,占总数的 17.65%,而供给量占总供给量的 51.89%,其平均供给指数是乡镇整体平均值的近 3 倍;冷点乡镇 22 个,占总数的 25.88%,但供给量仅占区域总供给量的 5.41%,其平均供给指数仅为乡镇整体平均值的 20%、热点区的 7%。

食物供给服务热点统计见表 5-2,热点分布见图 5-3。

表 5-2　　　　　　　　　食物供给服务热点统计

尺度	类别	数量/个	占总数量的百分比/%	平均供给量	占总供给量百分比/%
栅格	冷点	0	0	0	0
	不显著	5748	84.79	20.84	28.35
	热点	1031	15.21	293.60	71.65
	总计	6779	100.00	62.32	100.00
乡镇	冷点	22	25.88	1520.56	5.41
	不显著	48	56.47	5501.13	42.70
	热点	15	17.65	21394.94	51.89
	总计	85	100.00	7275.66	100.00

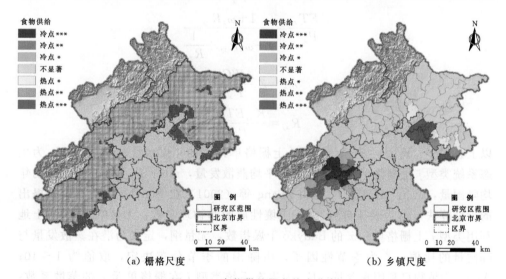

（a）栅格尺度　　　　　　　　　　（b）乡镇尺度

图 5-3　食物供给服务热点分布

5.3　水　源　涵　养

水源涵养（water retension，WR）是生态系统（如森林、草地等）通过其特有的结构与水相互作用，对降水进行截留、渗透、蓄积，并通过蒸散发实现对水流、水循环的调控，主要表现在缓和地表径流、补充地下水、减缓河流流量的季节波动、滞洪补枯、保证水质等方面。水源涵养服务是陆地生态系统重要生态服务功能之一，其变化将直接影响区域气候水文、植被和土壤等状况，与降水量、蒸散发、地表径流量和植被覆盖类型等因素密切相关（龚诗涵等，2017）。

5.3.1 评估方法

以水源涵养量作为生态系统水源涵养服务的指标进行评估。评估方法采用区域评估最常用的水量平衡法，计算公式为

$$Q = P - R - ET$$

式中：Q 为水源涵养量，mm；P 为降雨量，mm；R 为地表径流量，采用 SCS 模型模拟获得，mm；ET 为实际蒸散发，mm。

实际评估时，$P - ET$ 用产水量来表征（Xu et al.，2017；李盈盈等，2015），采用 InVEST 模型的产水模块模拟。

（1）InVEST 模型的产水模块的评估公式为

$$Y_{jx} = \left(1 - \frac{AET_{xj}}{P_x}\right) P_x$$

$$\frac{AET_{xj}}{P_x} = \frac{1 + \omega_x R_{xj}}{1 + \omega_x R_{xj} + \dfrac{1}{R_{xj}}}$$

$$\omega_x = Z \frac{AWC_x}{P_x}$$

$$R_{xj} = \frac{K_{xj} ETo_x}{P_x}$$

以上各式中：Y_{jx} 为生态系统类型 j 上栅格单元 x 的年供水量，m³；AET_{xj} 为生态系统类型 j 上栅格单元 x 的实际年平均蒸散发量，mm；P_x 为栅格单元 x 的年均降雨量，mm；AET_{xj}/P_x 是由 Zhang 等（2001）在 Budyko 曲线基础上提出的近似算法；ω_x 为表征自然气候-土壤性质的非物理参数，无量纲；R_{xj} 为土地利用类型 j 上栅格单元 x 的 Budyko 干燥指数，无量纲，定义为潜在蒸散发量与降雨量的比值；Z 为季节性因子，由降雨的季节分布决定，取值为 $1 \sim 10$；AWC_x 为植物可利用水含量；K_{xj} 为生态系统类型 j 在栅格单元 x 的蒸散系数；ETo_x 为潜在蒸散发量，mm。

（2）SCS 评估地表径流的公式为

$$R = \frac{(P - 0.2S)^2}{P + 0.8S} \quad P > 0.2S$$

$$R = 0 \quad P \leqslant 0.2S$$

S 与 CN 值的经验转换关系为

$$S = \frac{25400}{CN} - 254$$

式中：P 为降雨量，mm；R 为地表径流量，mm；S 为潜在蓄水能力；CN 为反映流域特性的综合参数，由前期土壤湿润程度、土壤类型、土地利用方式三个因素共同决定。

5.3.2 数据来源与参数获取

InVEST 模型产水模块所用土地利用数据为 2015 年北京市土地利用分布图。降水量采用北京市及周边站点插值获得，潜在蒸散发量参考北京本地研究进行计算（李艳等，2010），相关气象数据来源于国家气象信息中心（http：//www.nmic.cn/）。土壤深度数据来自土壤类型数据库及相关文献。植物可利用水含量来源于周文佐（2003）。流域与子流域的划分则基于 SWAT 模型，采用 DEM 数据进行划分。根系深度、蒸散系数和 Z 系数参考 InVEST 指南获取（Sharp et al.，2020）。SCS 模型所用降雨量数据、土地利用数据与土壤类型等数据与 InVEST 产水模块一致。CN 值一般通过美国农业部土壤保持局提供的 CN 查算表进行计算，而该查算表是根据美国的情况而定的，与国内差距较大，为保证结果评估的准确性，本书参考符素华等（2013）的成果，采用北京本地化 CN 值表进行计算。

5.3.3 空间分布

水源涵养服务主要与降雨、蒸散、生态系统类型及质量、土壤类型及性质等诸多因素有关，特别是降雨对水源涵养影响较大。研究区降雨较多的区域主要包括东部的平谷区、密云区交界区域、西南部的房山区和北部密云区、怀柔区交界区域，受此影响，水源涵养较高的栅格主要分布于这些区域；供给较低的区域主要为房山区北部、门头沟区及昌平区西南部。水源涵养服务 Moran's Ⅰ指数为 0.63（$p < 0.01$），表明水源涵养服务在栅格尺度呈聚集分布。其中水源涵养量超过 75mm 的高服务供给栅格共计 166 个，占栅格总数量的 2.45%，多分布于房山区、密云区和平谷区；同时有 246 个栅格供给量为 0，占栅格总数量的 3.63%，主要位于房山和门头沟区。从数据分布密度图来看，数据集中于低值区，60.14% 的栅格（4077 个）水源涵养供给量小于 25mm；总体来看，研究区栅格尺度水源涵养量平均为 23.85mm，中位数为 19.77mm，这与降雨量空间分布不均，差距较大有关。

乡镇尺度水源涵养量为其范围内栅格的平均值，空间分布与栅格类似，Moran's Ⅰ指数为 0.59（$p < 0.01$），同样呈聚集分布，水源涵养供给较高的乡镇主

要位于东北部密云区与平谷区交界的乡镇，以及西南部房山区部分乡镇。其中单位面积水源涵养量超过 35mm 的高服务供给乡镇有 8 个，占乡镇总数量的 9.41%，分布于密云区（4 个）、房山区（2 个）和平谷区（2 个）。其中房山区张坊镇平均水源涵养量最高，达 56mm；而门头沟区城子街道水源涵养量仅为 1mm。从数据分布密度图来看，数据同样多集中于低值区，乡镇数量存在 10mm 和 25mm 两个峰值。乡镇尺度平均水源涵养量为 20.40mm，中位数为 19.73mm，平均数稍大于中位数。水源涵养服务空间分布和数据分布密度如图 5-4 和图 5-5 所示。

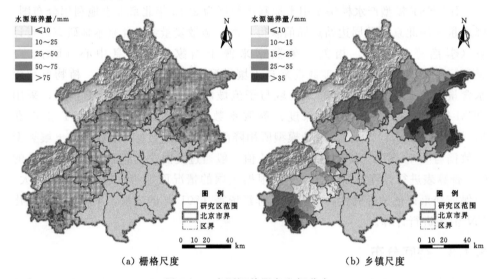

（a）栅格尺度　　　　　　　　　　　（b）乡镇尺度

图 5-4　水源涵养服务空间分布

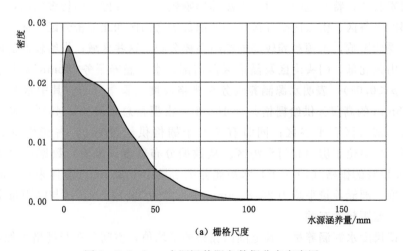

（a）栅格尺度

图 5-5（一）　水源涵养服务数据分布密度图

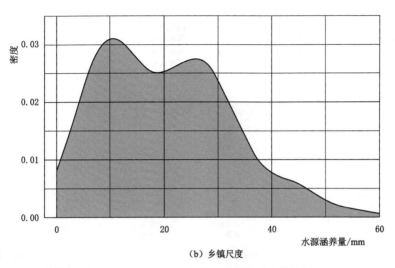

(b)乡镇尺度

图 5-5(二)　水源涵养服务数据分布密度图

5.3.4　热点分布

　　水源涵养服务在栅格尺度和乡镇尺度的供给热点大多位于密云区、房山区和平谷区，冷点多位于门头沟区与房山区交界的区域以及昌平西南部，与降雨量密切相关。热点栅格共计 1479 个，占栅格总数量的 21.82%，但供给量却占总供给量的 45.84%，其平均供给量是区域栅格整体平均值的 2 倍以上。冷点栅格共计 1802 个，占栅格总数的 26.58%，但供给量仅占区域总供给量的 6.14%，其平均供给量仅为区域栅格整体平均值的 23%、热点区的 11%。热点乡镇共计 22 个，占乡镇总数量的 25.88%，而占总供给量的 42.60%，其平均供给量比乡镇整体平均值高 70%；冷点乡镇 34 个，占乡镇总数量的 40.00%，但供给量仅占区域总供给量的 10.27%，其平均供给量仅为区域整体平均值的 54%、热点区的 32%。水源涵养服务热点统计见表 5-3，热点分布见图 5-6。

表 5-3　　　　　　　　　　水源涵养服务热点统计

尺度	类别	数量/个	占总数量的百分比/%	平均供给量/mm	占总供给量百分比/%
栅格	冷点	1802	26.58	5.51	6.14
	不显著	3498	51.60	22.20	48.02
	热点	1479	21.82	50.11	45.84
	总计	6779	100.00	23.85	100.00
乡镇	冷点	34	40.00	10.99	10.27
	不显著	29	34.12	20.75	47.13
	热点	22	25.88	34.49	42.60
	总计	85	100.00	20.40	100.00

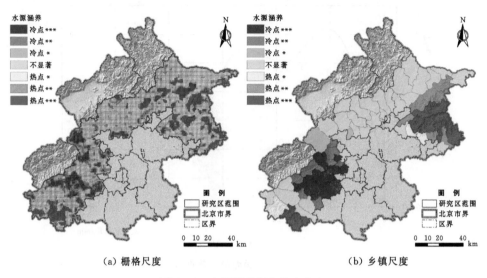

图 5 - 6　水源涵养服务热点分布

5.4　水　质　调　节

水质调节（water quality regulation，WQR）表现为生态系统对水质的净化和改良作用。生态系统可以通过将污染物储存在组织中或将其以另一种形式释放到环境中来消除污染物，从而为人类提供洁净的水资源。

5.4.1　评估方法

本书利用 InVEST 模型中 Nutrient Delivery Ratio（NDR）模块来评估水质调节服务。该模块基于营养物质输送比的概念，考虑了土地利用类型、地形因子和径流的影响，可在栅格尺度模拟得到污染物的输出量，进而可通过输入量获得生态系统对污染物的持留量，用以表征水质调节服务。结合北京市实际情况，本书选择生态系统对 N 元素的持留量作为水质调节量，用于评估水质调节服务，此处仅考虑地表径流。污染物输出量的模拟原理如下，详细参见 Sharp 等（2020）：

$$X_{\text{exptot}} = \sum_i X_{\text{expi}} = load_i \times NDR_i$$

式中：X_{exptot} 为流域内所有栅格污染物的输出总量；X_{expi} 为 i 栅格污染物输出量；$load_i$ 为 i 栅格营养物输入量；NDR_i 为 i 栅格营养物输送因子，与营养物输送能力、地形因子和所在位置有关。

5.4.2 数据来源与参数获取

土地利用类型分布为 2015 年北京市土地利用分布图。径流潜在指数基于降雨数据获取，来源于国家气象信息中心（http：//www.nmic.cn/）。N 元素输出系数为不同土地利用类型 N 元素的单位面积输出量，表示 N 元素来源，参考耿润哲等（2013）对北京市本地化研究的成果获得。N 元素持留能力表示不同土地利用类型的最大持留率，取值为 0～1，1 为能力最强，参考 Sharp 等（2020）赋值。持留距离为特定土地利用类型斑块以最大持留能力持留污染物的距离，如果污染物的移动距离小于持留距离，则持留效率呈指数衰减，而小于持留能力，参考 Sharp 等（2020）赋值。其他参数采用模型推荐值。水质调节模型相关参数见表 5－4。

表 5－4　　　　　　　　　水质调节模型相关参数

土地利用类型	N 元素输出系数/(kg/hm²)	N 元素持留能力	持留距离/m
耕地	2.97	0.25	30
林地	0.24	0.8	300
草地	1.57	0.4	150
水域和湿地	0	0.05	30
建设用地	2	0.05	30
未利用地	5	0.05	30

5.4.3 空间分布

水质调节服务主要与地表径流、土地利用类型及其相应污染负荷有关。因耕地在产生更高食物供给的同时，需要大量的营养物质输入作为保证，由此产生污染物的量也比其他生态系统类型高。因此，耕地的水质调节能力虽然较低，但净化量却较高。其分布格局与实物供给服务相似，在靠近平原区耕地分布较多的区域供给量较高，山区供给较低。栅格尺度，水质调节服务 Moran's Ⅰ 指数为 0.71（$p<0.01$），表明水质调节服务在栅格尺度呈聚集分布。其中单位调节量大于 0.15kg/hm² 的高服务供给栅格共计 345 个，占总栅格数量的 5.07%，多分布于耕地面积较大的区域；同时有 26 个栅格供给量为 0，占栅格总数量的 0.38%，主要位于山区。从数据分布密度图来看，数据多集中在低值区，调节量在 0.025kg/hm² 左右的栅格最多，61.42% 的栅格（4164 个）水质调节量小于 0.05kg/hm²。总体来看，研究区栅格尺度水质调节量平均为 0.054kg/hm²，中位数为 0.036kg/hm²，这与耕地分布不均有关。

乡镇尺度水质调节量为其范围内栅格的平均值，空间分布与栅格类似，

Moran's I 指数为 0.33（$p<0.01$），同样呈聚集分布。单位面积水质调节量超过 0.1kg/hm² 的高服务供给乡镇有 20 个，占乡镇总数量的 23.53%，各区均有分布。其中顺义区的木林镇平均水质调节量最高，达 0.15kg/hm²；而平谷区的熊儿寨乡水质调节量仅为 0.025kg/hm²。从数据分布密度图来看，数据分布略倾向于低值区，乡镇数量在 0.04kg/hm² 和 0.11kg/hm² 附近存在两个峰值。乡镇尺度平均水质调节量为 0.067kg/hm²，中位数为 0.060kg/hm²，平均数略大于中位数。

水质调节服务空间分布和数据分布密度图如图 5-7 和图 5-8 所示。

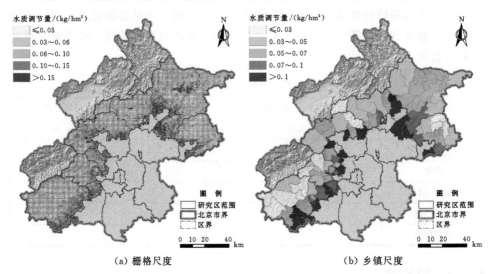

（a）栅格尺度　　　　　　　　（b）乡镇尺度

图 5-7　水质调节服务空间分布

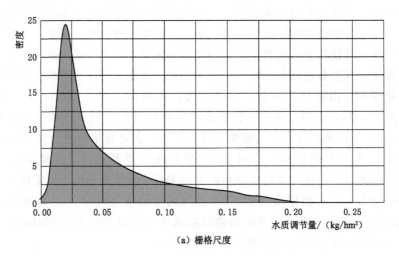

（a）栅格尺度

图 5-8（一）　水质调节服务数据分布密度图

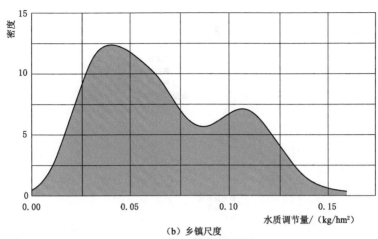

（b）乡镇尺度

图 5－8（二）　水质调节服务数据分布密度图

5.4.4　热点分布

　　水质调节服务在栅格尺度和乡镇尺度的供给热点与食物供给类似，大多靠近平原区。热点栅格共计 1449 个，占栅格总数量的 21.37％，但供给量却占总供给量的 47.14％，其平均供给量是区域栅格整体平均值的 2 倍以上。冷点栅格共计 2175 个，占栅格总数量的 32.08％，但供给量仅占总供给量的 12.63％，其平均供给量仅为区域栅格整体平均值的 40％、热点区的 18％。热点乡镇共计 14 个，占总数 16.47％，而供给量占总供给量的 18.85％，其平均供给量比乡镇整体平均值高 60％以上；冷点乡镇 14 个，占乡镇总数量的 16.47％，但供给量仅占乡镇总供给量的 12.38％，其平均供给量仅为区域整体平均值的 47％、热点区的 28％。

　　水质调节服务热点统计见表 5－5，热点分布见图 5－9。

表 5－5　　　　　　　　　　　水质调节服务热点统计

尺度	类别	数量/个	占总数量的百分比/%	平均供给量/(kg/hm²)	占总供给量的百分比/%
栅格	冷点	2175	32.08	0.02	12.63
	不显著	3155	46.55	0.05	40.23
	热点	1449	21.37	0.12	47.14
	总计	6779	100.00	0.05	100.00
乡镇	冷点	14	16.47	0.03	12.38
	不显著	57	67.06	0.06	68.77
	热点	14	16.47	0.11	18.85
	总计	85	100.00	0.07	100.00

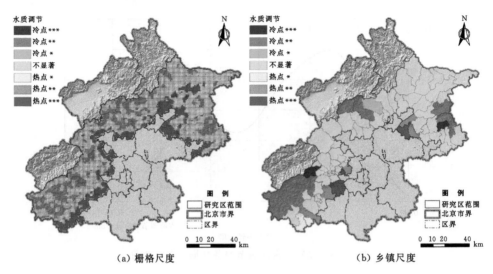

图 5 - 9　水质调节服务热点分布

5.5　空　气　净　化

空气净化（air quality regulation，AQR）是指生态系统通过吸收、过滤、阻隔和分解等作用降低大气中的污染物浓度的服务，北京常年被空气污染问题困扰，空气净化服务对于北京尤其具有重要意义。大气中的污染物在无降雨日主要通过干沉降方式从大气中移除，由于树木比其他土地覆盖类型具有更大的接触面积，且可通过增强湍流而提高垂直流动，进一步增加颗粒物接触树表面的机会。因此，相对来说，森林对颗粒物具有更强的吸附能力。

5.5.1　评估方法

本书基于干沉降模型，以生态系统吸收大气中 $PM_{2.5}$ 的量来表征该服务。该模型的最大优点是考虑了污染物沉降的物理过程，结合污染物实际浓度及其沉降速率进行计算，避免了采用经验系数法在异地使用时误差过大，甚至远远超出实际污染物浓度的缺点，使评价结果更符合实际情况。参考 Nowak 等（2006）和陈龙等（2014）方法和参数，干沉降模型计算公式为

$$Q = \sum_{i=1}^{n} Q_d = \sum_{i=1}^{n} FATH$$

式中：Q 为年均削减 $PM_{2.5}$ 总量，g；n 为非降雨日数，天；Q_d 为日削减 $PM_{2.5}$ 量 g；F 为 $PM_{2.5}$ 的干沉降通量，$g/(m^2 \cdot h)$；A 为叶表面积，m^2；T 为评估时长，h；H 为生态系统健康等级系数。

其中，干沉降通量 F 计算公式为

$$F = 3600V_d \times C$$

式中：V_d 为 $PM_{2.5}$ 沉降速率，m/s，反映了干沉降过程清除污染物能力的大小，取决于颗粒物大小、风速及生态系统类型等；C 为 $PM_{2.5}$ 浓度，g/m³。

5.5.2 数据来源与参数获取

生态系统分布数据和生态系统健康等级基于北京市森林资源清查数据。叶表面积为各生态系统的实地调查数据。$PM_{2.5}$ 空间分布数据源自《2015 年北京市环境状况公报》。$PM_{2.5}$ 沉降速率参考相关文献获取（Escobedo et al.，2009；Nowak et al.，2006；Tallis et al.，2011；陈龙等，2014）。

5.5.3 空间分布

空气净化服务由生态系统对污染物的净化能力及污染物的浓度综合决定。山区生态系统质量较高，对污染物净化能力强，但空气污染物浓度较低，而靠近平原区虽生态系统质量较差，净化能力低下，但污染物浓度较高，由此造成该服务在空间分布上呈现靠近平原区和山区较低、中间区域较高的独特格局。空气净化服务 Moran's Ⅰ 指数为 0.58（$p < 0.01$），表明空气净化服务在栅格尺度呈聚集分布。其中净化量超过 100kg/hm² 的高服务供给栅格共计 309 个，占栅格总数量的 4.56%，多分布于各区山前的平原山地交界地区；同时有 142 个栅格供给量为 0，占栅格总数的 2.09%。从数据分布密度图来看，数据集中于低值区，71.43% 的栅格（4842 个）空气净化量小于 50kg/hm²；总体来看，研究区栅格尺度空气净化量平均为 38kg/hm²，中位数为 31kg/hm²。

乡镇尺度空气净化量为其范围内栅格的平均值，空间分布与栅格类似，Moran's Ⅰ 指数为 0.26（$p < 0.01$），同样呈聚集分布，空气净化供给较高的乡镇主要位于东北部密云区与平谷区。其中单位面积空气净化量超过 65kg/hm² 的高服务供给乡镇有 5 个，占乡镇总数量的 5.88%，分布于平谷区（3 个）、密云区（1 个）和海淀区（1 个）。其中海淀区香山街道靠近中心城区，污染浓度较高，同时森林面积大，生态系统质量较高，平均空气净化量最高，达 88kg/hm²；而门头沟区大峪街道空气净化量平均仅为 10kg/hm²。从数据分布密度图来看，数据略集中于低值区，空气净化量为 30kg/hm² 左右的乡镇数量最多。乡镇尺度平均空气净化量为 37kg/hm²，中位数为 35kg/hm²，平均数略大于中位数。

空气净化服务空间分布和数据分布密度见图 5-10 和图 5-11。

5.5.4 热点分布

空气净化服务在栅格尺度和乡镇尺度的供给热点和冷点分布集中分布区大致

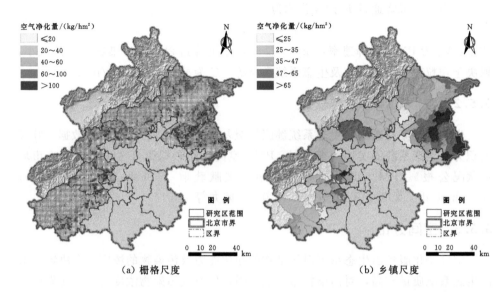

图 5-10　空气净化服务空间分布

相同，栅格尺度热点大多位于各区山前地区，多集中于密云区和平谷区，冷点多位于房山区，而乡镇尺度热点和冷点分布更为集中。热点栅格共计 1553 个，占栅格总数量的 22.91%，但供给量却占总供给量的 44.58%，其平均供给量是区域栅格整体平均值的近 2 倍。冷点栅格共计 1796 个，占栅格总数量的 26.49%，但供给量仅占区域总供给量的 8.79%，其平均供给量仅为区域栅格整体平均值的 33%、热点区的 17%。热点乡镇共计 17 个，占总数 20.00%，而供给量占总

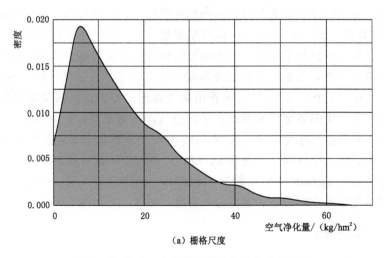

图 5-11（一）　空气净化服务数据分布密度图

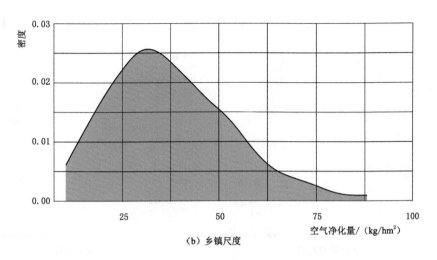

（b）乡镇尺度

图 5-11（二） 空气净化服务数据分布密度图

供给量的 32.23%，其平均供给量比乡镇整体平均值高 50%；冷点乡镇 14 个，占乡镇总数量的 16.47%，但供给量仅占总供给量的 9.74%，其平均供给量仅为区域整体平均值的 65%、热点区的 43%。

空气净化服务热点统计见表 5-6，热点分布见图 5-12。

表 5-6 空气净化服务热点统计

尺度	类别	数量/个	占总数量的百分比/%	平均供给量/(kg/hm²)	占总供给量的百分比/%
栅格	冷点	1796	26.49	12.68	8.79
	不显著	3430	50.60	35.24	46.63
	热点	1553	22.91	74.41	44.58
	总计	6779	100.00	38.24	100.00
乡镇	冷点	14	16.47	24.22	9.74
	不显著	54	63.53	34.89	58.03
	热点	17	20.00	56.21	32.23
	总计	85	100.00	37.40	100.00

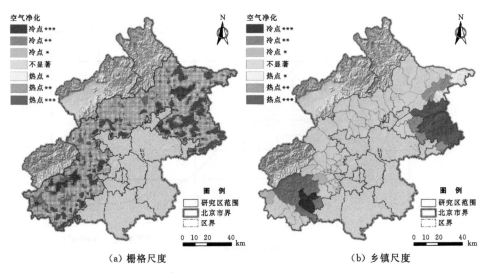

（a）栅格尺度 　　　　　　　　　　（b）乡镇尺度

图 5-12　空气净化服务热点分布

5.6　碳　存　储

碳存储（carbon storage，CS）是生态系统通过存储碳的能力，对气候进行调节，从而减缓温室气体排放的服务。该服务在区域和全球尺度上对于人类均具有重要作用。

5.6.1　评估方法

本书基于各生态系统类型生物量评估结果，乘以含碳系数获得生态系统碳存储服务，含碳系数按 0.5 计（方精云等，2006）。生物量的评估基于森林资源清查数据，按乔木林、灌木林、经济林、苗圃和草地等植被类型分别进行评估。为了准确评估各植被类型的生物量，计算时尽量选择本地参数。

5.6.1.1　乔木林

由于森林清查数据对于胸径小于 5cm 的树木不统计蓄积量，因此乔木林计算生物量时分有蓄积量和无蓄积量分别计算。有蓄积量的乔木林生物量计算主要基于样地实测结果，建立各树种蓄积量与生物量的转换参数，将蓄积量转换为生物量。无蓄积量的乔木林生物量计算基于相关文献中样地实测结果所建立各树种胸径与生物量的单株计算模型，通过胸径和株数计算生物量。

1. 有蓄积量乔木林的生物量计算

森林碳存储量的计算关键在于建立适用于研究区的单木生物量方程、生物量转化和扩展系数等模型生物量的计算参数，进而估算碳储量。森林蓄积量与其生物量关系密切，可用于准确估算生物量。本书选择北京市相关研究建立的模型进行生物量的计算，进而更准确地评估研究区乔木林的生物量。北京地区碳储量相关研究较多，本书分别评估了孙翀（2013）、王光华（2012）及张萍（2009）所建立的北京本地森林蓄积量-生物量转换方程，并利用油松、侧柏、刺槐和杨树4种森林的数据进行了模拟评估，对结果进行相互比较和验证，从而选择更合适的模型。结果发现，依据孙翀（2013）所建模型计算结果部分生物量出现负值，结果偏小；而张萍（2009）所建模型利用的是延庆区无干扰山区的采样数据，结果相对偏高；最终选择王光华（2012）针对北京市森林植被相关研究所建立的参数进行生物量评估，其生物量与蓄积量的转换方程可表述为 $B=aV$，B 为生物量（t/hm^2），V 为蓄积量（$m^{3'}/hm^2$），a 为参数。北京主要森林类型蓄积量-生物量转化参数见表 5-7。

表 5-7　　　北京主要森林类型蓄积量-生物量转化参数（王光华，2012）

森林类型	样本量	a	R^2	p
侧柏林	58	0.8125	0.996	<0.0001
刺槐林	38	0.7	0.993	<0.0001
桦树林	48	0.665	0.997	<0.0001
阔叶树林	113	0.6363	0.991	<0.0001
栎树林	85	1.166	0.997	<0.0001
落叶松林	61	0.4248	0.99	<0.0001
杨树林	46	0.5763	0.999	<0.0001
油松林	82	0.722	0.996	<0.0001

该模型计算所得为地上生物量，地下生物量采用根茎比计算，根茎比根据北京本地数据研究取平均值 0.24 计算。北京典型森林类型根茎比见表 5-8。

表 5-8　　　　　　　　　北京典型森林类型根茎比

林种	类型	地上生物量 /(t/hm²)	地下生物量 /(t/hm²)	根茎比	地点	文　献
白桦	阔叶林	37.50	8.20	0.22	小龙门	方精云等，2006
辽东栎	阔叶林	26.40	8.60	0.33		
油松	针叶林	38.90	8.10	0.21		
侧柏	针叶林	27.29	5.29	0.19	西山	陈灵芝等，1986a
油松	针叶林	24.71	4.43	0.18	西山	陈灵芝等，1984
油松	针叶林	36.01	6.65	0.18	西山	

续表

林种	类型	地上生物量 /(t/hm²)	地下生物量 /(t/hm²)	根茎比	地点	文　献
油松混交	针叶林	38.79	13.46	0.35	西山	翟明普，1982
元宝枫混交	阔叶林	13.75	3.94	0.29	西山	
油松纯林	针叶林	54.01	20.48	0.38	西山	
洋槐	阔叶林	41.02	7.60	0.19	西山	陈灵芝等，1986b
油松纯林	针叶林	43.76	9.85	0.23	西山	姚延梼，1989
油松混交	针叶林	27.85	7.98	0.29	西山	
侧柏混交	针叶林	19.12	5.47	0.29	西山	
侧柏纯林	针叶林	37.01	9.25	0.25	西山	
栓皮栎	阔叶林	43.69	9.95	0.23	西山	鲍显诚等，1984
洋槐南坡	阔叶林	81.13	13.92	0.17	西山	田奇凡等，1997
洋槐北坡	阔叶林	71.10	12.07	0.17	西山	
油松 上坡位	针叶林	56.95	11.00	0.19	西山	范兆飞等，1997
油松 中坡位	针叶林	68.58	16.87	0.25	西山	
油松 下坡位	针叶林	69.66	13.45	0.19	西山	
油松混交（中坡位）	针叶林	23.64	4.14	0.17	西山	
元宝枫	阔叶林	47.81	16.53	0.35	西山	阎海平等，1997

2. 无蓄积量乔木林的生物量计算

采用王光华（2012）所建立各树种单株生物量模型，通过胸径和株数计算得到无蓄积量乔木林的生物量。落叶松生物量采用罗云建等（2009）建立的模型 $B=0.3248506D^{1.7707}$ 计算，其他树种生物量模型为 $\ln(B)=\beta x\ln(D)+\alpha+\varepsilon$。其中，$B$ 为地上生物量（kg），D 为胸径（cm），β 和 α 为回归参数，ε 为误差项。根茎比同样取 0.24 计算。北京常见树种单木生物量模型见表 5-9。

表 5-9　　　　　北京常见树种单木生物量模型（王光华，2012）

树种	样本量	胸径范围 /cm	α	β	ε	R^2	p
油松	32	4.5～34.8	−2.1735	2.2461	0.0078	0.9879	＜0.0001
蒙古栎	31	3.7～28.9	−1.6324	2.2638	0.0060	0.9917	＜0.0001
栓皮栎	24	5.4～25.2	−1.9100	2.3080	0.0042	0.9918	＜0.0001
山杨	28	5.9～38.9	−2.8450	2.5682	0.0008	0.9990	＜0.0001

树种	样本量	胸径范围 /cm	α	β	ε	R^2	p
白桦	29	4.7~21.3	−2.6587	2.4305	0.0048	0.9907	<0.0001
核桃楸	25	4.8~23.0	−1.1770	1.9544	0.0020	0.9944	<0.0001
刺槐	26	4.7~24.2	−2.4786	2.4201	0.0008	0.9986	<0.0001
侧柏	27	3.3~33.0	−1.7245	2.0033	0.0016	0.9980	<0.0001
白皮松	18	2.6~28.7	−1.9840	2.1459	0.0264	0.9757	<0.0001
山荆子	17	1.8~8.2	−0.5522	1.6895	0.0332	0.9470	<0.0001
龙爪槐	18	6.6~14.5	−2.8816	2.3962	0.0170	0.8329	<0.0001
北京丁香	15	2.9~10.5	0.1711	1.1616	0.0294	0.7912	<0.0001

5.6.1.2 灌木林

灌木林生物量的计算通过文献记载的北京市实地调查成果（见表5-10），换算为100%盖度生物量，采用单位面积生物量乘以灌木林的面积及其实际盖度获得生物量。

表 5-10 北京地区灌木生物量相关研究

灌木群落	生物量 /(t/hm²)	地点	盖度	100%盖度生物量 /(t/hm²)	来源
荆条	14.21	怀柔	60%	23.68	
荆条	9.09	西山	40%	22.73	戴晓兵，1989
荆条	9.04	西山	40%	22.60	
绣线菊	23.84	西山	90%	26.49	
荆条酸枣	6.5	密云	75%	8.67	黄晓强，2016
平均				20.83	

5.6.1.3 经济林

经济林生物量可通过单位面积生物量乘以对应面积或单株生物量乘以株数两种方法计算获取。北京本地经济林生物量的相关研究较少，通过国内其他地区相关文献数据进行试算，发现两种方法的计算结果相差不到5%，表明两种方法计算结果较为可靠。考虑到部分经济林没有株数数据，本书采用单位面积生物量乘以对应面积的方法计算经济林的生物量，单位面积经济林生物量取值为16.87t/hm²。经济林生物量相关研究见表5-11。

表 5–11   经济林生物量相关研究

单位面积生物量			单株生物量		
果树	生物量 /(t/hm²)	来源	果树	生物量 /(kg/株)	来源
经济林	23.7	徐嵩龄等，1996	苹果	29.57	冯宗炜等，1999
葡萄	21.233	马文娟，2010	杏	30.55	卢国珍等，2004
经济林（幼龄）	2.31		板栗	19.47	彭方仁等，1998
经济林（中龄）	17.99	刘成杰，2014	红果	33.27	李志华等，1998
经济林（成熟）	33.67		花椒	13.84	杨吉华等，1996
苹果	11.63	田勇燕，2012			
桃	9.45				
梨	18.6	田勇燕等，2014			
苹果	17				
桃	13.1				
平均	16.87		平均	25.34	

5.6.1.4 苗圃

北京本地苗圃研究结果较少，根据相关研究成果平均值，采用 5.22t/hm² 对苗圃生物量进行计算（郎华安等，1990；罗超群等，1996；许广岐等，1992；周佑勋，1981）。

5.6.1.5 草地

北京草地较少，采用北京植被生物量相关研究中草本层生物量平均值（0.9987t/hm²）对草地生物量进行计算（曹吉鑫，2011；范兆飞等，1997；黄晓强，2016；田奇凡等，1997；阎海平等，1997；朱丽平，2016）。

5.6.2 数据来源与参数获取

各类型生态系统面积及蓄积量、胸径、株数等相关参数来源于北京市森林资源清查数据。

5.6.3 空间分布

碳存储服务主要决定于生态系统类型和质量。碳存储较高的栅格主要分布于密云区云蒙山区域和海淀、石景山区与门头沟区交界的西山区域。供给较低的区域主要分布于靠近平原区森林较少的区域。碳存储服务 Moran's I 指数为 0.59（$p < 0.01$），表明碳存储服务在栅格尺度呈聚集分布。其中碳存储量超过 20Mg C/hm² 的高服务供给栅格共计 176 个，占栅格总数量的 2.60%，多分布于

密云区；同时有 158 个栅格供给量为 0，占总数 2.33%，多为水域及建成区。从数据分布密度图来看，数据集中于低值区，69.64% 的栅格（4721 个）碳存储量小于 10Mg C/hm²；总体来看，研究区栅格尺度碳存储量平均为 8.67Mg C/hm²，中位数为 8.11Mg C/hm²，平均值略大于中位数。

乡镇尺度碳存储量为其范围内栅格的平均值，空间分布与栅格类似，Moran's Ⅰ指数为 0.33（$p < 0.01$），同样呈聚集分布，碳存储量较高的乡镇主要位于东北部密云区。其中单位面积碳存储量超过 13Mg C/hm² 的高服务供给乡镇有 5 个，占乡镇总数量的 5.88%，分布于密云区（3 个）、海淀区（1 个）和平谷区（1 个）。其中海淀区香山街道平均碳存储量最高，达 23.10Mg C/hm²；而门头沟区大峪街道碳存储量仅为 0.69Mg C/hm²。从数据分布密度图来看，在高值区存在若干极值，除极值外，高值区数据略多于低值区，碳存储量在 8Mg C/hm² 左右乡镇数量最多。乡镇尺度平均碳存储量为 7.81Mg C/hm²，中位数为 8.06Mg C/hm²，平均数略小于中位数。

碳存储服务空间分布和数据分布密度见图 5-13 和图 5-14。

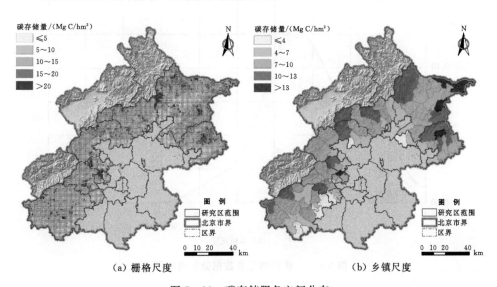

（a）栅格尺度　　　　　　　　　　（b）乡镇尺度

图 5-13　碳存储服务空间分布

5.6.4　热点分布

栅格尺度碳存储服务热点主要分布于密云区、平谷区及其他区森林较多的地区，乡镇尺度则仅集中于密云区和平谷区。栅格尺度冷点主要分布于耕地及水域分布较多的区域，乡镇尺度则主要集中于房山区。热点栅格共计 1231 个，占栅格总数量的 18.16%，但供给量却占总供给量的 31.74%，其平均供给量是区域

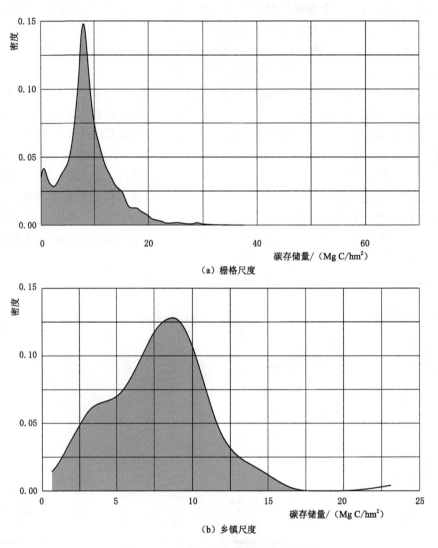

（a）栅格尺度

（b）乡镇尺度

图 5-14　碳存储服务数据分布密度图

栅格整体平均值的近 2 倍。冷点栅格共计 1322 个，占栅格总数量的 19.50%，但供给量仅占总供给量的 6.58%，其平均供给量仅为区域栅格整体平均值的 34%、热点区的 19%。热点乡镇共计 11 个，占乡镇总数量的 12.94%，而供给量占总供给量的 23.99%，其平均供给量比乡镇整体平均值高 47%；冷点乡镇 15 个，占乡镇总数量的 17.65%，但供给量仅占总供给量的 6.75%，其平均供给量仅为区域整体平均值的 57%、热点区的 39%。

　　碳存储服务热点统计见表 5-12，热点分布见图 5-15。

表 5-12 碳存储服务热点统计

尺度	类别	数量 /个	占总数量的 百分比/%	平均供给量 /(Mg C/hm²)	占总供给量的 百分比/%
栅格	冷点	1322	19.50	2.92	6.58
	不显著	4226	62.34	8.58	61.68
	热点	1231	18.16	15.15	31.74
	总计	6779	100.00	8.67	100.00
乡镇	冷点	15	17.65	4.47	6.75
	不显著	59	69.41	7.97	69.26
	热点	11	12.94	11.46	23.99
	总计	85	100.00	7.81	100.00

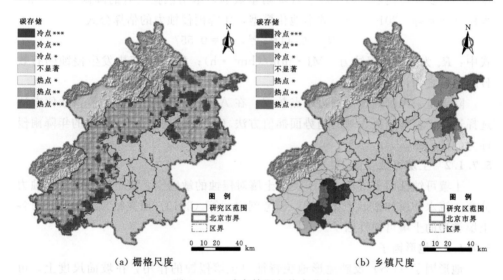

（a）栅格尺度　　　　　　　　（b）乡镇尺度

图 5-15 碳存储服务热点分布

5.7 土 壤 保 持

土壤保持（erosion control，EC）是生态系统（如森林、草地等）通过其结构与过程减少土壤侵蚀的作用，是生态系统提供的重要调节服务之一，主要与气候、土壤、地形和植被有关。

5.7.1 评估方法

北京主要以水蚀为主，此处以土壤保持量，即潜在土壤侵蚀量与实际土壤侵蚀量的差值，作为生态系统土壤保持服务的评估指标。目前国内对土壤保持服务的研究较为明确，采用修正通用土壤流失方程（RUSLE）进行评估（陈龙等，2012）。其计算公式为

$$A_c = A_p - A_r = RKLS(1 - CP)$$

式中：A_c 为土壤保持量，$t/(hm^2 \cdot a)$；A_p 为潜在土壤侵蚀量；A_r 为实际土壤侵蚀量；R 为降雨侵蚀力因子，$MJ \cdot mm/(hm^2 \cdot h \cdot a)$；$K$ 为土壤可蚀性因子，$t \cdot hm^2 \cdot h/(hm^2 \cdot MJ \cdot mm)$；$L$、$S$ 为地形因子；L 为坡长因子；S 为坡度因子；C 为地表植被覆盖因子，无量纲；P 为土壤保持措施因子，无量纲。

5.7.1.1　降雨侵蚀力因子

降雨侵蚀力因子（R）反映了降雨因素对土壤的潜在侵蚀作用，是导致土壤侵蚀的主要动力因素。由于缺乏日降雨量数据，本书依据已有的降雨过程资料，采用刘宝元等（2010）建立的本地化模型，年降雨侵蚀力的估算公式为

$$R_y = 0.44 P_y^{1.463}, \quad r^2 = 0.557$$

式中：R_y 为年降雨侵蚀力，$MJ \cdot mm/(hm^2 \cdot h)$；$P_y$ 为 1 年内发生侵蚀的有效日降雨量之和，mm。

降雨量采用研究区及周边站点数据，在 ArcGIS 中进行空间插值，插值方法选择适用于整体趋势表现的趋势面插值方法（spline），得到研究区域的年降雨侵蚀力的插值图。

5.7.1.2　土壤可蚀性因子

土壤可蚀性因子（K）用于反映土壤对侵蚀的敏感性，或土壤被降雨侵蚀力分离、流水冲刷和搬运难易程度。参考刘宝元等（2010）研究结果获得北京市各土壤类型的土壤可蚀性因子。

5.7.1.3　地形因子

地形因子（LS）反映地形地貌特征对土壤侵蚀的作用。在坡面尺度上，可通过实测坡度和坡长来计算 LS；但在小流域和区域尺度上，该因子通常采用 DEM 来提取。本书采用由 Van Remortel 等（2001）根据 RUSLE 模型计算 LS 因子的方法所编写的 AML 代码从 DEM 中提取 LS 因子。该方法适用于缓坡，因此，借鉴 Liu 等（1994，2000）对陡坡土壤侵蚀的研究结果，对上述代码进行改进，以适应山地陡坡区域的研究。具体计算公式如下：

$$L = (\lambda / 22.1)^{\alpha}$$

$$S = \begin{cases} 10.8\sin\theta + 0.03 & \theta < 5° \\ 16.8\sin\theta - 0.05 & 5° \leqslant \theta < 14° \\ 21.91\sin\theta - 0.96 & \theta \geqslant 14° \end{cases}$$

$$\alpha = \frac{\beta}{1 + \beta}$$

$$\beta = \frac{\sin\theta/0.089}{3.0\sin\theta^{0.8}+0.56}$$

式中：L 为坡长因子；S 为坡度因子；θ 为 DEM 提取的坡度值；α 为坡度坡长指数；β 为细沟侵蚀和面蚀的比值。

5.7.1.4 地表植被覆盖度因子

地表植被覆盖度因子（C）是指在其他条件相同情况下，某一特定作物或植被覆盖的土壤流失量与裸地的土壤流失量的比值，反映了植被或作物管理措施对土壤流失量的影响，其值为 0～1，参考刘宝元等（2010）的研究计算。

5.7.1.5 土壤保持措施因子

土壤保持措施因子（P）是采取水保措施后，土壤流失量相对于顺坡种植时土壤流失量的比例。参考刘宝元等（2010）的研究计算。

5.7.2 数据来源与参数获取

降雨数据来源于国家气象信息中心（http://www.nmic.cn/）；土地利用分布采用北京市 2015 年土地利用数据；土壤类型分布来自中国土壤数据库。

5.7.3 空间分布

土壤保持服务受降雨强度、土壤质地和类型、坡度坡向、植被覆盖因子及人类管理措施等诸多因子的影响，特别是降雨对土壤保持影响较大，降雨强度高的地区潜在土壤侵蚀量大，土壤保持量也高。同水源涵养类似，土壤保持量较高的栅格主要分布于东部的平谷密云交界区域、西南部的房山区和北部密云怀柔交界区域；而土壤保持量较低的栅格主要靠近平原区。土壤保持服务 Moran's I 指数为 0.77（$p<0.01$），表明土壤保持服务在栅格尺度呈聚集分布。其中土壤保持量超过 800t/hm² 的高服务供给栅格共计 403 个，占总数 5.94%，多分布于房山区、密云区和平谷区；同时有 47 个栅格供给量 0，占总数 0.69%，主要为水域。从数据分布密度图来看，数据集中于低值区，60.32% 的栅格（4089 个）的土壤保持量小于 400t/hm²；总体来看，研究区栅格尺度土壤保持量平均为 341t/hm²，中位数为 315t/hm²，平均数略大于中位数。

乡镇尺度土壤保持量为其范围内栅格的平均值，空间分布与栅格类似，Moran's I 指数为 0.46（$p<0.01$），同样呈聚集分布，土壤保持量较高的乡镇主要位于东北部密云区与平谷区交界的乡镇，以及西南部房山区部分乡镇。其中土壤保持量超过 500t/hm² 的高服务供给乡镇有 11 个，占乡镇总数量的 12.94%，分布于房山区（6 个）、密云区（2 个）和平谷区（3 个）。其中房山区十渡镇平均土壤保持量最高，达 784.94t/hm²；而丰台区长辛店街道土壤保持量仅为 21.73t/hm²。从数据分布密度图来看，数据略集中于低值区，土壤保持量在

$200\sim300t/hm^2$ 的乡镇数量最多。乡镇尺度平均土壤保持量为 $282.36t/hm^2$，中位数为 $271.78t/hm^2$，平均数稍大于中位数。

土壤保持服务空间分布和数据分布密度见图 5-16 和图 5-17。

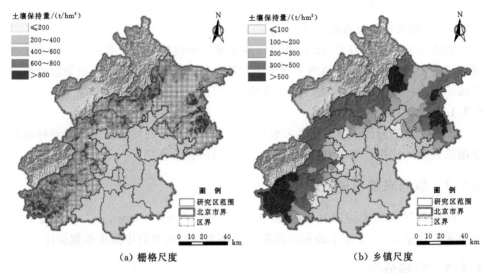

（a）栅格尺度　　　　　　　　　　　　　（b）乡镇尺度

图 5-16　土壤保持服务空间分布

5.7.4　热点分布

栅格尺度土壤保持服务热点主要有三个片区，分别为房山区西南部、密云区与平谷区交界地区和怀柔区与密云区、昌平区交界的地区，冷点主要位于水域及靠近平原区坡度较缓的地区。乡镇尺度热点集中于密云区和平谷区交界以及房山

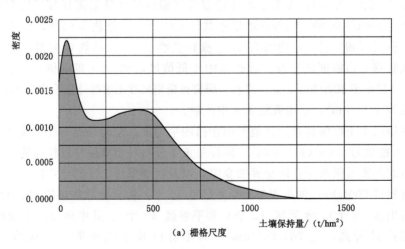

（a）栅格尺度

图 5-17（一）　土壤保持服务数据分布密度图

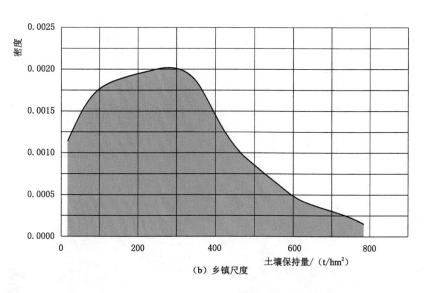

（b）乡镇尺度

图 5－17（二）　土壤保持服务数据分布密度图

区，冷点则集中于房山区、丰台区、门头沟区、石景山区及海淀区交界区域。热点栅格共计 1798 个，占栅格总数量的 26.52%，但供给量却占总供给量的 51.68%，其平均供给量是区域栅格整体平均值的近 2 倍。冷点栅格共计 2093 个，占栅格总数量的 30.87%，但供给量仅占区域总供给量的 5.64%，其平均供给量仅为区域栅格整体平均值的 18%、热点区的 9%。热点乡镇共计 13 个，占乡镇总数量的 15.29%，而供给量占总供给量的 32.59%，其平均供给量比乡镇整体平均值高 1 倍；冷点乡镇 21 个，占乡镇总数量的 24.71%，但供给量仅占总供给量的 4.85%，其平均供给量仅为区域整体平均值的 53%、热点区的 27%。

土壤保持服务热点统计见表 5－13，热点分布见图 5－18。

表 5－13　　　　　　　　　土壤保持服务热点统计

尺度	类别	数量/个	占总数量的百分比/%	平均供给量/(t/hm²)	占总供给量的百分比/%
栅格	冷点	2093	30.87	62.25	5.64
	不显著	2888	42.61	341.39	42.68
	热点	1798	26.52	664.11	51.68
	总计	6779	100.00	340.80	100.00

续表

尺度	类别	数量/个	占总数量的百分比/%	平均供给量/(t/hm²)	占总供给量的百分比/%
乡镇	冷点	21	24.71	149.62	4.85
	不显著	51	60.00	265.89	62.56
	热点	13	15.29	561.40	32.59
	总计	85	100.00	282.36	100.00

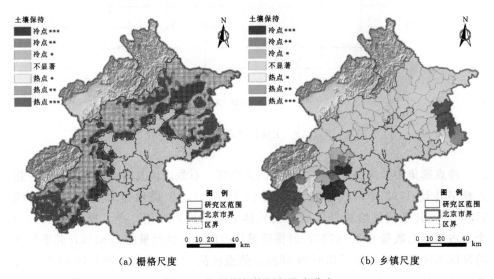

（a）栅格尺度　　　　　　　　　　（b）乡镇尺度

图 5-18　土壤保持服务热点分布

5.8　土壤质量调节

土壤质量调节（soil quality regulation，SQR）主要表现为生态系统维持土壤生物活性、多样性及生产力的作用。

5.8.1　评估方法

本书参考 Maes 等（2011）方法，采用土壤碳含量表征该服务。土壤有机碳基于土壤有机质数据换算而来，转换系数为 0.58。

5.8.2　数据来源与参数获取

土壤有机质数据源自中国土壤有机质数据集（戴永久等，2019）。

5.8.3　空间分布

土壤质量调节服务受土壤质地构成影响，主要受土壤有机质影响。土壤质量调节能力较高的栅格主要分布于密云区东北部、房山区西北部及平谷区中部；而土壤质量调节能力较低的栅格主要靠近平原区及水域。土壤质量调节服务Moran's I 指数为 0.73（$p<0.01$），表明土壤质量调节服务在栅格尺度呈聚集分布。其中土壤碳含量超过 3% 的高服务供给栅格共计 245 个，占栅格总数量的 3.61%，多分布于房山区、密云区和平谷区；同时有 55 个栅格供给量为 0，占栅格总数量的 0.81%，主要为水域。从数据分布密度图来看，数据集中于低值区，在 0.6% 和 1.4% 存在两个高峰，42.66% 的栅格（2892 个）土壤碳含量小于 1%；总体来看，研究区栅格尺度土壤碳含量平均为 1.26%，中位数为 1.18%，平均数略大于中位数。

乡镇尺度土壤质量调节服务为其范围内栅格的平均值，空间分布与栅格类似，Moran's I 指数为 0.81（$p<0.01$），同样呈聚集分布，土壤调节服务较高的乡镇主要位于平谷区、密云区和房山区。其中单位面积土壤碳含量超过 1.6% 的高服务供给乡镇有 15 个，占乡镇总数量的 17.65%。其中房山区史家营乡平均土壤碳含量最高，达 3.05%；而门头沟区大峪街道土壤碳含量仅为 0.07%。从数据分布密度图来看，数据略集中于低值区，土壤碳含量在 1.2% 左右的乡镇数量最多。乡镇尺度平均土壤碳含量为 1.07%，中位数为 1.05%，平均数稍大于中位数。

土壤质量调节服务空间分布和数据分布密度见图 5-19 和图 5-20。

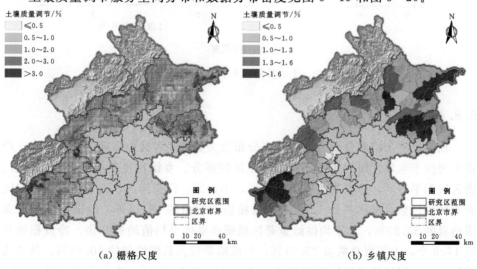

（a）栅格尺度　　　　　　　　　　　　　（b）乡镇尺度

图 5-19　土壤质量调节服务空间分布

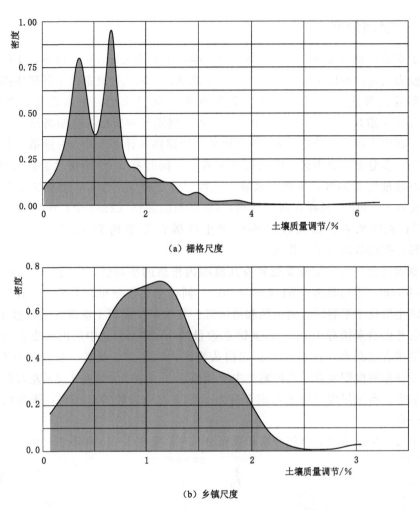

（a）栅格尺度

（b）乡镇尺度

图 5-20　土壤质量调节服务数据分布密度图

5.8.4　热点分布

栅格尺度土壤质量调节服务热点分布较为分散，各区或多或少都有分布，冷点主要位于水域及研究区南部靠近平原区的部分。乡镇尺度热点集中于房山区、密云区和平谷区，冷点则集中于房山区、丰台区、门头沟区、石景山区及海淀区交界区域。热点栅格共计 1230 个，占栅格总数量的 18.14%，但供给量却占总供给量的 35.53%，其平均供给量是区域栅格整体平均值的近 2 倍。冷点栅格共计 1709 个，占栅格总数量 25.21%，但供给量仅占总供给量的 10.44%，其平均供给量仅为区域栅格整体平均值的 41%、热点区的 21%。热点乡镇共计 19 个，占乡镇总数量的 22.35%，而供给量占总供给量的 29.69%，其平均供给量比乡镇整体平均值高 56%；冷点乡镇 24 个，占乡镇总数量的 28.24%，但供给量仅占总供给量的 7.54%，其平均供给量仅为区域整体平均值的 52%、热点区的 33%。

土壤质量调节服务热点统计见表 5-14，热点分布见图 5-21。

表 5-14　　　　　　　　　　　土壤质量调节服务热点统计

尺度	类别	数量/个	占总数量的百分比/%	平均供给量/%	占总供给量的百分比/%
栅格	冷点	1709	25.21	0.52	10.44
	不显著	3840	56.65	1.20	54.03
	热点	1230	18.14	2.46	35.53
	总计	6779	100.00	1.26	100.00
乡镇	冷点	24	28.24	0.55	7.54
	不显著	42	49.41	1.10	62.77
	热点	19	22.35	1.67	29.69
	总计	85	100.00	1.07	100.00

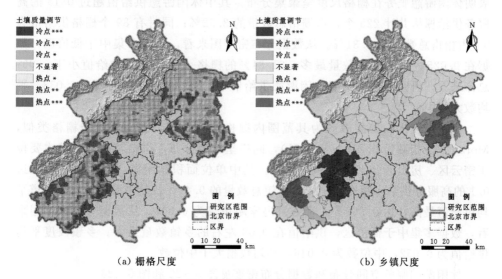

（a）栅格尺度　　　　　　　　　　　（b）乡镇尺度

图 5-21　土壤质量调节服务热点分布

5.9 休 闲 游 憩

休闲游憩（recreation，REC）是自然或半自然生态系统供人类进行生态旅游、户外运动等休闲娱乐活动的服务（Maes，et al.，2011）。

5.9.1　评估方法

本书借助研究区自然景点的分布密度表征生态系统所提供的休闲游憩服务。根据现有自然景点的分布，采用 ArcGIS 10.1 的核密度分析模块（Kernel Density）实现休闲游憩服务的空间化。

5.9.2　数据来源与参数获取

自然景点数据通过 Python 从百度地图中提取，包括国家级和市级的各类景点及各类公园，并去除其中重复记录和人文特色的景点。

5.9.3　空间分布

休闲游憩服务的供给主要受自然风景区数量及分布影响。休闲游憩服务较高的栅格主要分布于密云区和怀柔区交界的云蒙山区域、房山区十渡区域、海淀区西山区域及平谷区黄松峪区域；供给较低的栅格主要位于密云区与平谷区交界的地区及密云区东北部山区。休闲游憩服务 Moran's Ⅰ指数为 0.94（$p<0.01$），表明休闲游憩服务在栅格尺度呈聚集分布。其中休闲游憩供给值超过 0.15 的高服务供给栅格共计 225 个，占栅格总数量的 3.32%；同时有 89 个栅格供给量为 0，占栅格总数量的 1.31%。从数据分布密度图来看，数据多集中于低值区，数据在 0.025 左右的栅格数量最多，61.81% 的栅格（4190 个）供给值小于 0.05；总体来看，研究区栅格尺度休闲游憩供给值平均为 0.050，中位数为 0.038，平均数大于中位数。

乡镇尺度休闲游憩服务为其范围内栅格的平均值，空间分布与栅格类似，Moran's Ⅰ指数为 0.27（$p<0.01$），同样呈聚集分布，供给较高的乡镇主要位于密云区、房山区、平谷区和海淀区。其中单位面积休闲游憩服务供给值超过 0.1 的高服务供给乡镇有 8 个，占乡镇总数量的 9.41%。其中海淀区香山街道平均供给值最高，达 0.168；而密云区冯家峪镇仅为 0.007。从数据分布密度图来看，数据多集中于低值区，供给值在 0.03 左右的乡镇数量最多。乡镇尺度平均供给值为 0.052，中位数为 0.046，平均数稍大于中位数。

休闲游憩服务空间分布和数据分布密度见图 5－22 和图 5－23。

5.9.4　热点分布

栅格尺度休闲游憩服务热点各区均有分布，冷点主要位于密云区。乡镇尺度热点集中于密云区与怀柔区交界地区，以及海淀区、门头沟区和石景山区交界地区，冷点则集中于平谷区和密云区。热点栅格共计 1511 个，占栅格总数量的

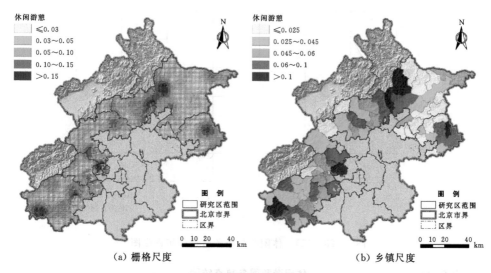

图 5-22　休闲游憩服务空间分布

22.29%，但供给量却占总供给量的 49.32%，其平均供给量是区域栅格整体平均值的 2 倍以上。冷点栅格共计 2221 个，占栅格总数量的 32.76%，但供给量仅占总供给量的 9.69%，其平均供给量仅为区域栅格整体平均值的 30%、热点区的 13%。热点乡镇共计 18 个，占乡镇总数量的 21.18%，其平均供给量比乡镇整体平均值高 53%，但由于热点乡镇面积较小，供给量占总供给量的 18.88%；冷点乡镇 10 个，占乡镇总数量的 11.76%，但供给量仅占总供给量的 7.31%，其平均供给量仅为区域整体平均值的 42%、热点区的 28%。

休闲游憩服务热点统计见表 5-15，热点分布见图 5-24。

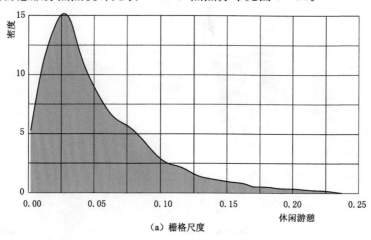

图 5-23（一）　休闲游憩服务数据分布密度图

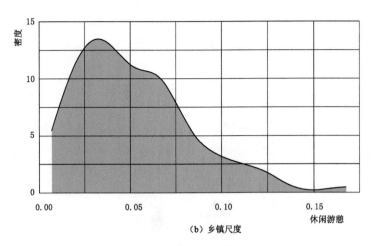

（b）乡镇尺度

图 5-23（二） 休闲游憩服务数据分布密度图

表 5-15 休闲游憩服务热点统计

尺度	类别	数量/个	占总数量的百分比/%	平均供给量	占总供给量的百分比/%
栅格	冷点	2221	32.76	0.01	9.69
	不显著	3047	44.95	0.05	40.99
	热点	1511	22.29	0.11	49.32
	总计	6779	100.00	0.05	100.00
乡镇	冷点	10	11.76	0.02	7.31
	不显著	57	67.06	0.05	73.81
	热点	18	21.18	0.08	18.88
	总计	85	100.00	0.05	100.00

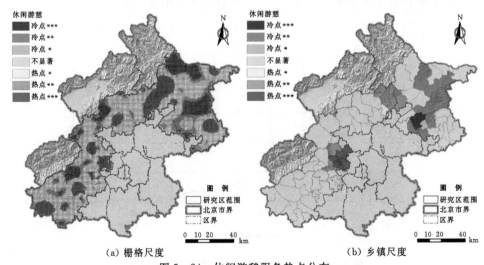

（a）栅格尺度 （b）乡镇尺度

图 5-24 休闲游憩服务热点分布

5.10 生物多样性

生物多样性（biodiversity，BIO）与生态系统服务有着密切的联系，是生态系统在维持基因、物种、生态系统多样性发挥的作用，对其他生态系统服务起着重要的支持作用，是生态系统提供的最主要服务之一。生物多样性本质上具有空间化特征，但通过调查获取数据难度较大。通常来说，生境质量较高的地区生物多样性也相对较丰富，因此，本书基于 InVEST 模型的生境质量模块（Habitat Quality）对研究区生境质量进行评估，作为替代指标表征生物多样性。

5.10.1 评估方法

InVEST 模型中把生境质量和生境稀缺性作为生物多样性的反映，可以通过评估某一地区各种生境类型或植被类型的范围和这些类型各自的退化程度来表达。生境质量和生境稀缺性模型主要有 4 个因素组成：①每一种威胁的相对影响；②每一种生境类型对每一种威胁的相对敏感性；③栅格单元与威胁之间的距离；④单元受到的合法保护的水平（Sharp，et al.，2020）。计算公式为

$$Q_{xj} = H_j \left(1 - \frac{D_{xj}^z}{D_{xj}^z + k^z} \right)$$

式中：Q_{xj} 为地类 j 中栅格 x 的生境质量；H_j 为地类 j 的生境适宜度；D_{xj} 为地类 j 中栅格 x 的生境退化度；k 为半饱和常数，即退化度最大值的一半；z 为模型默认参数。

本次评估的威胁源主要包括耕地、道路（包括高速公路、国道和省道）、农村和城镇用地等。鉴于目前各类型自然保护地保护水平不一，且正处于优化整合阶段，此处暂不考虑地块的保护水平。

5.10.2 数据来源与参数获取

生境及其空间分布基于土地利用数据，来源于 2015 年土地利用图，道路分布来源于北京市基础地理数据。参考模型指南，模型相关参数取值及其含义如下。

5.10.2.1 生境类型及其对威胁源的敏感性

生境得分为每种生境类型的生境分值，数值范围为 0～1，越高表明生境质量相对越好，1 表示最高的生境适宜性。生境类型对威胁源的敏感性为每种生境类型相对每种威胁的相对敏感性。数值范围为 0～1，1 表示威胁的最高敏感程度，0 表示不敏感。生境类型及其对威胁的敏感性见表 5-16。

表 5-16　　　　　　　　　　　　　生境类型及其对威胁的敏感性

编号	类型	生境得分	生境类型对威胁源的敏感性					
			耕地	城镇	乡村	高速公路	国道	省道
11	水田	0.3	0.1	0.5	0.1	0.3	0.2	0.1
12	旱地	0.3	0.1	0.5	0.1	0.3	0.2	0.1
13	菜地	0.3	0.1	0.5	0.1	0.3	0.2	0.1
21	有林地	1	0.6	1	0.8	0.4	0.3	0.2
22	灌木林地	0.7	0.5	0.8	0.6	0.3	0.2	0.1
23	疏林地	0.8	0.5	0.9	0.7	0.3	0.2	0.1
24	园林地	0.5	0.5	0.5	0.5	0.5	0.1	0.1
31	高覆盖度草地	0.9	0.8	0.9	0.8	0.2	0.15	0.1
32	中覆盖度草地	0.8	0.6	0.7	0.7	0.1	0.1	0.1
33	低覆盖度草地	0.7	0.4	0.5	0.6	0.1	0.1	0.1
34	人工草地	0.4	0.5	0.3	0.1	0.2	0.1	0.1
41	河流（渠）	1	0.8	0.8	0.5	0.4	0.3	0.2
42	湖泊（湖）	1	0.8	0.8	0.5	0.4	0.3	0.2
43	河湖湿地	1	0.8	0.8	0.5	0.4	0.3	0.2
51	城镇建设用地	0	0	0	0	0	0	0
52	农村居民点	0	0	0	0	0	0	0
53	其他建设用地	0	0	0	0	0	0	0
61	沙地	0	0	0	0	0	0	0
63	盐碱地	0	0	0	0	0	0	0
64	裸土地	0	0	0	0	0	0	0
65	裸岩石砾地	0	0	0	0	0	0	0
66	其他未利用地	0	0	0	0	0	0	0

5.10.2.2　威胁因子数据

威胁源的退化类型表明威胁所带来退化的类型，影响是否随距离增加而呈线性减少，或者呈指数变化。影响距离为每一种威胁对生境完整性的影响距离（km），每一种威胁对该距离以外的影响将下降至 0。权重为每一种威胁对生境完整性的影响是与其他威胁的相对值，权重范围为 0～1，数值 1 表示权重最高，0 为最低。威胁因子参数见表 5-17。

表 5 - 17 威 胁 因 子 参 数

威胁源	退化类型	影响距离/km	权重
耕地	线性	8	0.7
城镇	指数	10	1
乡村	指数	6	0.5
高速公路	线性	3	1
国道	线性	1	0.7
省道	线性	0.5	0.5

5.10.3　空间分布

生物多样性服务主要受生态系统类型、覆盖度及人为干扰因子的影响。生物多样性较高的栅格主要分布于密云区和海淀区与门头沟区交界的西山区域；供给较低的栅格主要位于各区靠近平原的区域。生物多样性 Moran's Ⅰ指数为 0.70（$p < 0.01$），表明生物多样性在栅格尺度呈聚集分布。其中生物多样性整体得分较高，超过 0.9 的高服务供给栅格共计 846 个，占总数 12.48%；仅有 1 个栅格供给量为 0。从数据分布密度图来看，数据多集中于高值区，数据在 0.8 左右的栅格数量最多，60.83% 的栅格（4124 个）供给值大于 0.7；总体来看，研究区栅格尺度休闲游憩供给值平均为 0.69，中位数为 0.77，平均数小于中位数。

乡镇尺度生物多样性供给值为其范围内栅格的平均值，空间分布与栅格类似，Moran's Ⅰ指数为 0.64（$p < 0.01$），同样呈聚集分布，供给较高的乡镇主要位于密云区和房山区。其中单位面积生物多样性值超过 0.75 的高服务供给乡镇有 25 个，占乡镇总数量的 29%。其中密云区石城镇平均供给值最高，达 0.86；而门头沟区大峪街道仅为 0.06。从数据分布密度图来看，数据多集中于高值区，供给值在 0.75 左右的乡镇数量最多。乡镇尺度平均供给值为 0.60，中位数为 0.65，平均数小于中位数。生物多样性空间分布和数据分布密度见图 5 - 25 和图 5 - 26。

5.10.4　热点分布

栅格尺度生物多样性热点各区均有分布，冷点主要位于各区靠近平原的部分。乡镇尺度热点集中于密云区、房山区和昌平区，冷点则集中于房山区、石景山区和海淀区靠近城区的部分。热点栅格共计 2036 个，占栅格总数量的 30.03%，但供给量却占总供给量的 38.15%，其平均供给量比区域栅格整体平

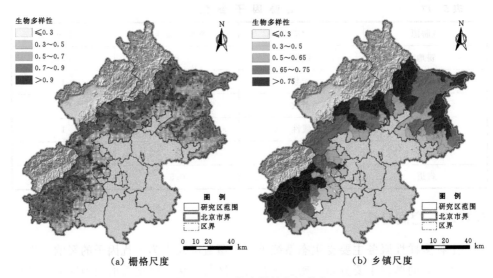

（a）栅格尺度　　　　　　　　　　　（b）乡镇尺度

图 5-25　生物多样性空间分布

均值高 27%。冷点栅格共计 1573 个，占栅格总数量的 23.20%，但供给量仅占总供给量的 12.28%，其平均供给量仅为区域栅格整体平均值的 53%、热点区的 42%。热点乡镇共计 15 个，占乡镇总数量的 17.65%，供给量占总供给数的 35.38%，其平均供给量比乡镇整体平均值高 32%；冷点乡镇 23 个，占乡镇总数量的 27.06%，但供给量仅占总供给量的 8.71%，其平均供给量仅为区域整体平均值的 72%、热点区的 54%。生物多样性热点统计见表 5-18，热点分布见图 5-27。

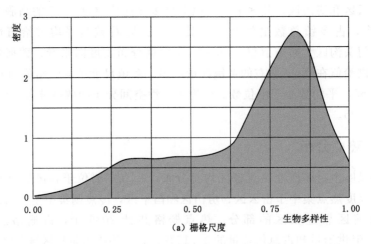

（a）栅格尺度

图 5-26（一）　生物多样性数据分布密度图

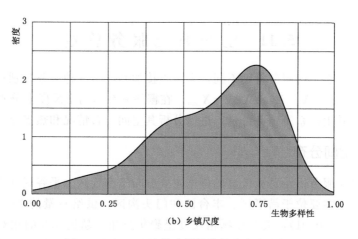

（b）乡镇尺度

图 5-26（二）　生物多样性数据分布密度图

表 5-18　　　　　　　　　　生物多样性热点统计

尺度	类别	数量/个	占总数量的百分比/%	平均供给量	占总供给量的百分比/%
栅格	冷点	1573	23.20	0.36	12.28
	不显著	3170	46.77	0.73	49.57
	热点	2036	30.03	0.87	38.15
	总计	6779	100.00	0.69	100.00
乡镇	冷点	23	27.06	0.43	8.71
	不显著	47	55.29	0.62	55.91
	热点	15	17.65	0.79	35.38
	总计	85	100.00	0.60	100.00

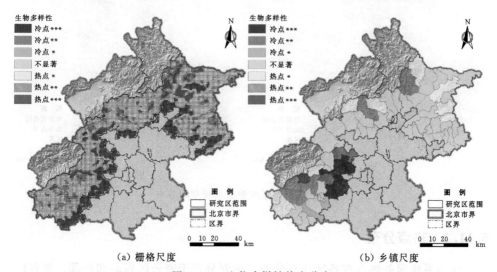

（a）栅格尺度　　　　　　　　　　　　　　　　　（b）乡镇尺度

图 5-27　生物多样性热点分布

5.11 生态系统服务总量

由于各生态系统服务量纲不同,无法直接加和,对 9 种服务分别进行离差标准化,即 $Value = X - X_{min} / X_{max} - X_{min}$,在栅格和乡镇两个尺度上分别相加取平均值后作为其生态系统服务总量,进而分析其空间分布情况和热点分布情况。

5.11.1 空间分布

生态系统服务供给总量较高的栅格主要分布于密云区、平谷区和房山区;供给较低的栅格主要位于昌平区、丰台区和门头沟区。供给总量的 Moran's I 指数为 0.66(p<0.01),表明在栅格尺度呈聚集分布。超过 0.3 的相对高服务供给栅格共计 1008 个,占栅格总数量的 14.87%;不超过 0.15 的相对低供给栅格共计 441 个,占栅格总数量的 6.5%。

生态系统服务供给总量较高的乡镇空间分布与栅格类似,Moran's I 指数为 0.67(p<0.01),同样呈聚集分布。其中单位供给值超过 0.45 的高服务供给乡镇有 12 个,占乡镇总数量的 14.12%。其中海淀区香山街道平均供给总量最高,达 0.58;而门头沟区大峪街道仅为 0.09。

生态系统服务总量空间分布见图 5-28。

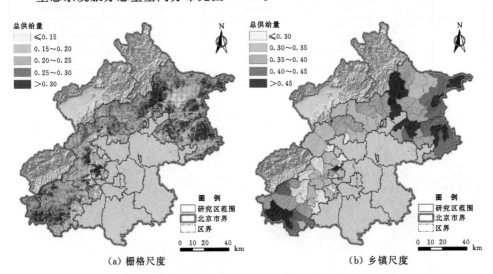

（a）栅格尺度   （b）乡镇尺度

图 5-28 生态系统服务总量空间分布

5.11.2 热点分布

生态系统服务热点在各区均有分布,主要分布于密云区东部和西部、平谷区东北部和房山区西南部；冷点主要于门头沟区、房山区东部和密云区中部。乡镇尺度热点集中于平谷区和密云区，冷点则集中于房山区、石景山区、海淀区、丰台区和门头沟区交界的区域。热点栅格共计 1640 个，占栅格总数量的 24.19%，但供给量却占总供给量的 31.26%，其平均供给量比区域栅格整体平均值高29%。冷点栅格共计 1627 个，占栅格总数量的 24.00%，但供给量仅占总供给量的 17.60%，其平均供给量仅为区域栅格整体平均值的 73%、热点区的 57%。热点乡镇共计 19 个，占乡镇总数量的 22.35%，供给量占总供给量的 24.10%，其平均供给量比乡镇整体平均值高 22%；冷点乡镇 29 个，占乡镇总数量的34.12%，但供给量仅占总供给量的 13.29%，其平均供给量仅为区域整体平均值的 80%、热点区的 66%。生态系统服务总供给量热点统计见表 5-19，总供给量热点分布见图 5-29。

表 5-19　　　　　　　　生态系统服务总供给量热点统计

尺度	类别	数量/个	占总数量的百分比/%	平均供给量	占总供给量的百分比/%
栅格	冷点	1627	24.00	0.17	17.60
	不显著	3512	51.81	0.23	51.14
	热点	1640	24.19	0.31	31.26
	总计	6779	100.00	0.24	100.00
乡镇	冷点	29	34.12	0.28	13.29
	不显著	37	43.53	0.37	62.61
	热点	19	22.35	0.43	24.10
	总计	85	100.00	0.35	100.00

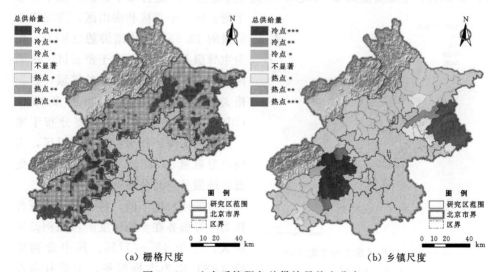

（a）栅格尺度　　　　　　　　　　（b）乡镇尺度

图 5-29　生态系统服务总供给量热点分布

5.12　主导生态系统服务

　　无论在栅格尺度还是乡镇尺度，生态系统服务的供给都呈现明显的空间异质性，各栅格单元和乡镇对每种生态系统服务的供给差异较大。因此，识别各研究单元主导生态系统服务，明确其在研究区的相对地位对于差别化管理具有重要意义。由于各生态系统服务量纲不同，且数据分布差异也较大，即使归一化后也无法用相对大小来衡量不同生态系统服务相互之间的重要性。本书对每种生态系统服务按供给量对供给单元（栅格或乡镇）进行排序后赋予其名次，然后再针对某一供给单元所提供的生态系统服务进行横向比较，以排名较高的服务作为其主导生态系统服务，该结果是相对意义上的主导生态系统服务，即相对于整个研究区来说，供给单元对于该服务的供给相对具有重要地位。

　　各生态系统服务作为主导服务在栅格尺度所占比例相近，都为10%左右。其中食物供给（FS）作为主导服务，主要分布在密云区、平谷区及房山区山前地势平缓区域，占栅格总数量的12.57%。水源涵养（WR）作为主导服务，主要沿怀柔区、密云区和平谷区的低山区呈带状分布，占栅格总数量的9.09%。水质调节（WQR）作为主导服务，广泛分布于各区山前区域，所占比例也最高，为12.97%。空气净化（AQR）作为主导服务，主要分布于昌平区、密云区和平谷区，占栅格总数量的9.88%。碳存储（CS）作为主导服务，主要分布于密云区，占栅格总数量的9.56%。土壤保持（EC）作为主导服务，广泛分布于各区，主要分布于怀柔区、房山区和平谷区降雨较多、坡度较陡的山区，占栅格总数量的12.38%。土壤质量调节（SQR）作为主导服务，广泛分布于各区，集中分布于密云区、平谷区和房山区，占栅格总数量的12.58%。休闲游憩（REC）作为主导服务，主要分布于密云区、怀柔区和房山区自然景点较多的区域，占栅格总数量的9.62%。生物多样性（BIO）作为主导服务，主要分布于密云区及门头沟区和房山区的交界区，占栅格总数量11.36%。栅格尺度主导生态系统服务空间分布见图5-30。

　　与栅格尺度不同，各生态系统服务作为主导服务在乡镇尺度所占比例差异较大，介于4%~17%。其中食物供给（FS）作为主导服务，主要分布在

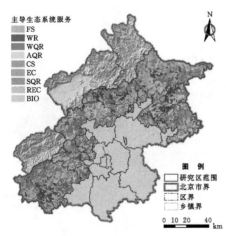

图5-30　栅格尺度主导生态系统
服务空间分布

各区山前耕地比例较高的乡镇，占乡镇总数量的16.47%。水源涵养（WR）作为主导服务，仅分布于平谷区、密云区和房山区，占乡镇总数量的8.24%。水质调节（WQR）作为主导服务，主要分布于除密云区、平谷区和怀柔区外其他区的山前乡镇，占乡镇总数量的14.12%。空气净化（AQR）作为主导服务，主要分布于门头沟区和平谷区，占乡镇总数量的12.94%。碳存储（CS）作为主导服务，仅分布于密云区、海淀区和门头沟区的4个乡镇，占栅格总数量的4.71%。土壤保持（EC）作为主导服务，集中分布于门头沟区、怀柔区、房山区和平谷区，占乡镇总数量的16.47%。

土壤质量调节（SQR）作为主导服务，在栅格尺度分布较广，但在乡镇尺度仅分布于密云区、平谷区、昌平区和房山区的5个乡镇，占乡镇总数量的5.88%。休闲游憩（REC）作为主导服务，主要分布于密云区、怀柔区、海淀区和房山区自然景点较多的乡镇，占乡镇总数量的11.76%。生物多样性（BIO）作为主导服务，主要分布于密云区和房山区等，占总乡镇数量的9.41%。乡镇尺度主导生态系统服务空间分布见图5-31。

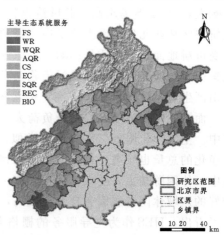

图 5-31 乡镇尺度主导生态系统服务空间分布

5.13 小 结

本章详细介绍了所选生态系统服务及采用的评估方法，对空间分布、数据分布及热点分布等评估结果进行了详细阐述。总体来说，生态系统服务受诸如植被分布、地形地貌、气候和土地利用等自然和社会因子的影响，往往空间分布极不均匀（Lautenbach et al.，2011；Lin et al.，2018；Kong et al.，2018）。同样，从本章的评估结果来看，北京湾过渡带的9种生态系统服务的供给都呈显著聚集分布，具有明显的空间异质性，与大多数研究结果相一致（Chen et al.，2020；Lin et al.，2018；Yang et al.，2019），总体来说，可以大致归为两类分布格局。

（1）对于EES来说，主要受生态系统及其过程影响，而靠近西北山区的区域生态系统质量较高，生态过程复杂，相应生态系统服务的供给也较高，而靠近东南平原区的部分则相反，因此，EES在研究区从西北到东南大致呈现由高到低的格局。具体来说，水源涵养服务和土壤保持服务受降雨过程影响较大，同时受生态系统类型和质量影响，在山区生态系统质量较高，降雨量较大的区域供给较高，热点分布集中。碳存储服务主要受生态系统类型及质量影响，在森林分布密集的保护区和林场供给较高，热点集中。土壤质量调节主要受土壤碳含量影响，在土壤碳含量较高的区域热点较为集中。而生物多样性主要评估了生境质量，同时也受人为干扰影响，在保护较好，人为干扰较小的山区生物多样性热点较为集中。从主导生态系统服务的分布也可看出，EES 作为主导服务的栅格和乡镇多位于西北方向的山区。

（2）对于 HES 来说，主要受人类行为影响，在靠近东南平原的区域人类影响大，对 HES 需求高，其供给也较高，而在西北山区则较低，因此，HES 在研究区从西北到东南大致呈现由低到高的格局。具体来说，食物供给服务主要受可耕地面积及其质量影响，平原区耕地分布较多，其供给相对也较高，热点集中。水质调节服务则受污染物负荷及其被生态系统所持留的量密切相关，在山区生态系统质量虽然较高，但污染物负荷较低，被持留的总量也相对较低，而平原区耕地较多，污染负荷大，被持留的总量也相对较高，热点相对也集中。空气净化服务与水质调节类似，靠近平原区颗粒物排放量大，浓度高，被净化的总量也较高，相应人类享受到空气净化服务的供给也较高，热点相对集中。休闲游憩主要受人类偏好影响，符合人类审美的自然景点较多、可达性较好的区域休闲游憩服务自然也较高，热点集中。从主导生态系统服务的分布也可看出，HES 作为主导服务的栅格和乡镇多位于东南方向人为活动较强烈的平原区。

综合所有生态系统服务的供给来看，北京湾过渡带高供给量栅格与所识别的热点栅格分布相一致，可大致分为 5 个片区，密云云蒙山区域、密云雾灵山-锥峰山区域、平谷四座楼区域、房山十渡区域、海淀香山-鹫峰区域。云蒙山区域处于密云水库西部，分布有云蒙山自然保护区、云蒙山自然风景区、云蒙山林场等，同时降雨丰富，水源涵养、碳存储、土壤保持、休闲游憩、生物多样性等服务供给丰富。雾灵山-锥峰山区域地处密云水库东部，分布有雾灵山自然保护区、雾灵山林场、锥峰山林场等，水源涵养、空气净化、土壤保持、土壤质量调节、生物多样性等服务较为丰富。平谷四座楼区域位于平谷区，分布于四座楼自然保护区、黄松峪国家森林公园等保护地，以及京东石林峡、大溶洞等诸多自然景点，碳存储、土壤保持、土壤质量调节、休闲游憩等服务较为丰富。房山十渡区域位于房山西南部，分布有拒马河自然保护区、蒲洼自然保护区、十渡风景区等，是京郊著名景区，水源涵养、土壤保持、休闲游憩、生物多样性等服务供给较高。海淀香山-鹫峰区域位于海淀区与石景山区和门头沟区交界，是距离城区最近的高服务供给区，分布于西山国家森林公园、西山林场，同时是距离城区最近的山区，香山、阳台山、鹫峰、凤凰岭等是北京著名的休闲游憩场所，空气净化、碳存储、土壤质量调节、休闲游憩、生物多样性等服务供给较高。高供给量乡镇和所识别的热点乡镇略有差别，这是由于高供给量乡镇仅表明该乡镇自身供给量较高，而热点乡镇则不仅自身供给量高，周围乡镇供给同样高。高供给量乡镇基本位于五个高供给量栅格片区内。热点乡镇则主要集中分布于平谷区，综合来看，该区域各项服务供给都较高，且呈聚集分布。

第6章 生态系统服务关系研究

本章首先从全局角度评价生态系统服务之间的相互关系，并识别生态系统服务簇，研究各簇与环境因子之间的关系；然后设计了一个可以快速分析多种生态系统服务之间关系及其强度的简易评估框架，从局域角度图示生态系统服务关系及其强度的空间分布，并揭示评价单元的主导生态系统服务关系。研究结果有助于帮助决策者在制定政策时不仅从全局角度考虑，同时从局域角度充分顾及不同区域的差异，制定科学合理的区域发展规划、生态补偿、生态保护和修复政策。

6.1 全 局 角 度

生态系统服务全局角度首先采用最常使用的相关系数分析每一对生态系统服务的总体关系；然后利用数量生态学中常用的冗余分析（RDA）研究环境因子对生态系统服务的总体影响，并利用变差分解量化 4 大类因子及单独因子的影响；最后基于生态系统服务的供给特征，在乡镇和栅格尺度识别生态系统服务簇并进行分区，为生态系统的优化管理提供借鉴。

6.1.1 研究方法

6.1.1.1 相关分析

在全局角度分析生态系统服务相互关系通常采用相关系数法。根据数据分布情况，采用一定置信水平下（通常是 0.05）的 Pearson 系数（正态分布）或 Spearman 系数（非正态分布），来判断生态系统服务的关系，当两个生态系统服务之间的 Pearson 系数或 Spearman 系数大于 0、呈显著正相关时，表示两个服务之间为积极的协同关系，当两个生态系统服务之间的 Pearson 系数或 Spearman 系数小于 0、呈显著负相关时，表示两个服务之间为权衡关系（Li et al.，2018；Xu et al.，2019）。参照本书评价结果，生态系统服务数据的分布一般呈非正态分布，因此，这里采用 Spearman 系数来判断 9 种生态系统服务之间总体的两两关系，识别栅格与乡镇两个尺度的权衡与协同关系。相关分析和制图采用 R 软件。

6.1.1.2 冗余分析

主成分分析法通常用于识别生态系统服务簇，以研究生态系统之间的关系，将之展现在排序图中，用于直观展示多种生态系统服务之间的关系（Maes et al.，2012；Turner et al.，2014)，但无法直接研究并展示与环境因子之间的关系。本书借用数量生态学中常用的冗余分析（redundancy analysis，RDA）来研究主要环境因子对生态系统服务空间变化的影响，分析生态系统服务之间的关系，识别生态系统服务簇。该方法将生态系统服务作为响应变量，环境因子作为解释变量进行排序，排序轴实际上是解释变量的线性组合，是一种直接梯度分析技术，结合了回归分析和主成分分析的排序方法，是响应变量矩阵与解释变量之间多元多重线性回归的拟合值矩阵的 PCA 分析，最大的优势在于能够独立保持各个变量对解释变量的贡献率，是生态学常用的分析方法。

本书选用与生态系统服务密切相关的地形、植被、气象和社会经济 4 组共 11 个环境因子，分析其对生态系统服务的影响。由于各环境因子之间可能存在明显的线性相关，即共线性问题，造成回归系数不稳定，此处采用 RDA 分析常采用的前向选择（forward）模式对环境因子进行筛选后再进行分析。分析结果采用排序图，可对所有因子直观展示，揭示生态系统服务-环境因子间的生态关系。其中，生态系统服务之间、环境因子之间及生态系统服务与环境因子之间的夹角反映了相关性大小，可用于判断其关系。若夹角小于 90°，则为正相关，表示生态系统服务之间关系为协同，或生态系统服务随环境因子的增大而增大；若夹角大于 90°，则表示生态系统服务之间关系为权衡，或生态系统服务随环境因子的增大而减小。若夹角等于 90°，则二者无关。另外，环境因子箭头的长度表示其对生态系统服务的综合影响程度，箭头越长，影响程度越高（王莉雁等，2016）。由于生态学数据普遍为非正态分布，因此，传统的参数检验在生态学领域经常不适用，而大多采用置换检验，即通过多次随机调换被检验元素的位置（赖江山，2014）。本书运用蒙特卡洛（Monte Carlo）随机置换（499 次）对排序结果及环境因子的相关性进行显著性检验。RDA 分析和制图采用 Canoco 5.0 软件。

6.1.1.3 变差分析

在生态学研究中经常出现多组解释变量共同解释一组响应变量的情况，为了量化多组变量单独及共同解释的变差，需要用到变差分解（variation partitioning)，两组解释变量 X 和 W 共同解释响应变量 Y 的变差分解示意图如图 6-1 所示。$[a]$ 和 $[c]$ 分别为变量 X 和变量 W 的单独解释部分，$[b]$ 为两组变量共同解释部分，$[d]$ 为未被两组变量解释的部分，长方形代表响应变量总平方和，其概念及分解过程详见 Borcard 等（1992）。由于随着解释变量的增加，变量所解释的部分 R^2 一般也会增加，但由于随机相关的存在，解释变量累加会使被解释的方差表面上膨胀，需要对 R^2 进行校正后使用，因此，$[a]$、$[b]$、$[c]$ 等校正后的 R^2 接近于 0 时，表示解释变量对响应变量的解释能力未能优于随机生成的正态分布的解释变量，如果校正 R^2 是负值，则表明解释变量的解释能力还不如随机生成的正态分布的解释变量，当变差分解的结果中解释变量校正后

R^2 为负值时，可以忽略，不做相应的生态解释（赖江山，2014）。本书采用变差分解的方法对地形、植被、气象和社会经济 4 组因子对生态系统服务空间变化的解释进行分解，识别其单独及共同解释的变差。分析和制图采用 vegan 包的 varpart 函数，在 R 软件中进行分析。

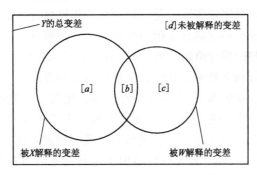

图 6-1 变差分解示意韦恩图（引自赖江山，2014）

6.1.1.4 聚类分析

利用聚类分析，根据不同生态系统服务供给特征进行管理单元的划分，将生态系统服务供给相似的区域划分为一个单元，从而提高管理决策的针对性。为便于政策制定，首先对乡镇采用层次聚类进行分析，识别生态系统服务区，然后结合 RDA 分析所识别的生态系统服务簇，对各区的生态系统服务供给特征进行分析。由于乡镇内部也存在空间异质性，不同栅格供给特征同样存在差异，因此，在对乡镇进行分区的基础上对栅格也进行相应分析，以便于乡镇内部的精细化管理。聚类分析采用 R 软件 stats 程序包的 hclust 函数。

6.1.2 数据获取

6.1.2.1 样本选取

生态系统服务全局关系研究同样在栅格和乡镇两个尺度开展。其中栅格尺度随机选取总数的 10%，总计 678 个栅格作为分析样本，以避免空间自相关性（Castillo－Eguskitza, et al., 2018；Santos－Martín, et al., 2019），采用 ArcGIS 中 create random points 工具完成。乡镇尺度选取所有 85 个乡镇进行分析。栅格尺度随机网格空间分布见图 6-2。

图 6-2 栅格尺度随机网格空间分布

6.1.2.2　环境因子

本书选用与生态系统服务密切相关的地形、植被、气象和社会经济 4 组共 11 个环境因子（见表 6 - 1）。

表 6 - 1　　　　　　　　　　　　环 境 因 子 选 择

环境因子	指　　标
地形因子	海拔、坡度、海拔高差
植被因子	植被覆盖度、净初级生产力
气象因子	降雨量、潜在蒸散发量
社会经济因子	国内生产总值、人口密度、灯光指数、土地开发指数

地形因子（T）包括海拔（ALT）、坡度（SLO）和海拔高差（AR），海拔高差为研究单元海拔最高与最低之差，均由 DEM 获取。总体来说，西部和北部海拔较高，坡度较陡，海拔高差大，特别是西南部房山区的太行山区山体高大，坡度陡峭。东南部靠近平原区，地势平缓，海拔多在 200m 以下，坡度小于 5°，高差在 100m 以内。北京湾过渡带地形因子空间分布见图 6 - 3。

植被因子（V）包括植被覆盖度（VC）和净初级生产力（NPP），植被覆盖度基于 NDVI，采用像元二分模型获取，净初级生产力基于 CASA 模型反演获取。植被因子空间分布与地形因子相似，这与山区植被较好有关，其中怀柔区、昌平区和延庆区交界地区植被覆盖度总体较高，而房山区和门头沟区西部净初级生产力较高。北京湾过渡带植被因子空间分布见图 6 - 4。

气象因子（M）包括降雨量（PRE）和潜在蒸散发量（PET），降水量采用北京市及周边站点插值获得，潜在蒸散发量参考北京本地研究计算获取（李艳

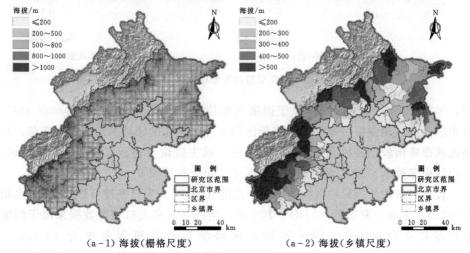

　　　　　（a-1）海拔（栅格尺度）　　　　　　　　　　　　（a-2）海拔（乡镇尺度）

图 6 - 3（一）　北京湾过渡带地形因子空间分布

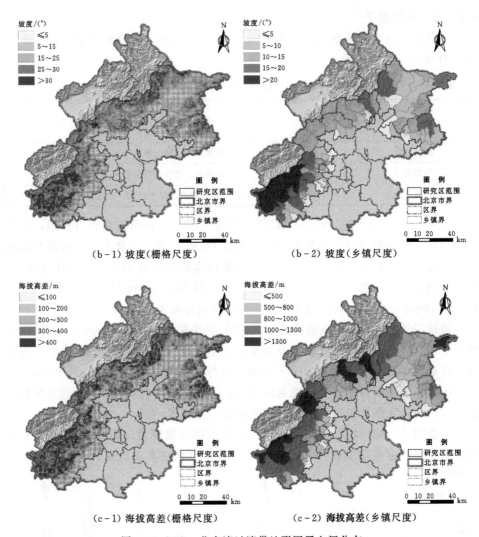

（b-1）坡度（栅格尺度）　　　　（b-2）坡度（乡镇尺度）

（c-1）海拔高差（栅格尺度）　　　（c-2）海拔高差（乡镇尺度）

图 6-3（二）　北京湾过渡带地形因子空间分布

等，2010)，相关气象数据来源于国家气象信息中心（http：//www.nmic.cn/）。降雨较高的区域主要分布于东部密云区和平谷区交界的区域及房山区西南部，昌平区西部降雨较低。潜在蒸散发量较高的区域主要位于密云区西北部和昌平区，房山区南部较低。北京湾过渡带气象因子空间分布见图 6-5。

社会经济因子（H）包括国内生产总值（GDP）、人口密度（POP）、灯光指数（LI）、土地开发指数（LDI）。其中国内生产总值和人口密度数据来源于国家科技基础条件平台——国家地球系统科学数据共享服务平台（http：//www.geodata.cn）。灯光指数同样可作为人类活动表征的有效指标，数值越大，

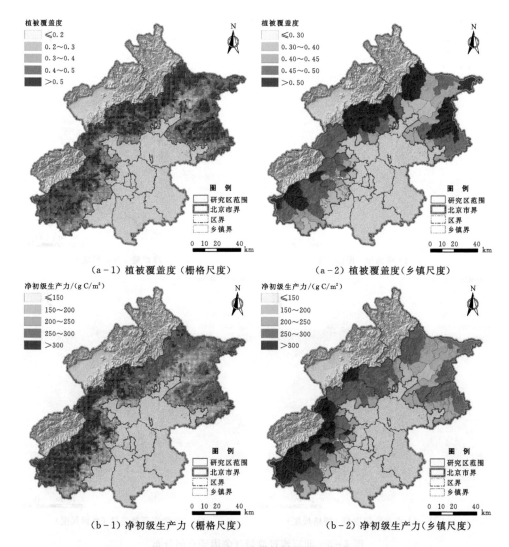

图 6-4　北京湾过渡带植被因子空间分布

表明该区域的灯光亮度越高、经济活动也越频繁，获取自地理国情监测云平台（http：//www.dsac.cn/）。土地开发指数为耕地与建设用地之和占研究单元面积比例，用于表征研究区土地开发程度，基于土地利用数据计算获取。总体来说，靠近山区的区域社会经济活动强度较低，各项因子也较低，而靠近平原区的区域社会经济活动强度高，各项因子均较高，特别是海淀区和丰台区，人类活动强烈，人口密度大、国内生产总值高，反映在灯光指数和土地开发指数也是如此。北京湾过渡带社会经济因子空间分布见图 6-6。

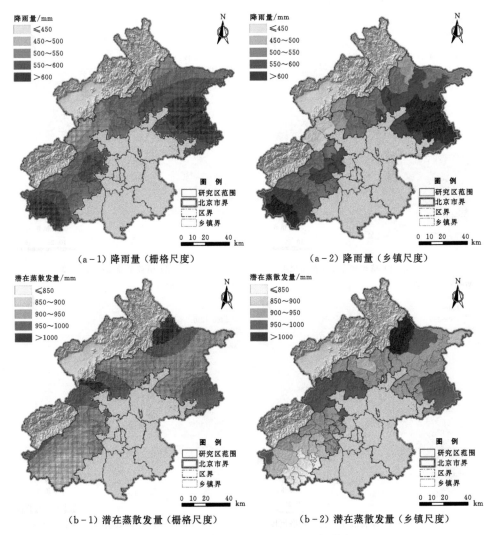

（a-1）降雨量（栅格尺度）　　　　　（a-2）降雨量（乡镇尺度）

（b-1）潜在蒸散发量（栅格尺度）　　　（b-2）潜在蒸散发量（乡镇尺度）

图6-5　北京湾过渡带气象因子空间分布

6.1.3　总体关系

从各生态系统服务之间的 Spearman 相关系数、散点图及其拟合曲线来看，九种生态系统服务之间 36 对关系在栅格尺度下有 30 对存在显著相关关系，其中 18 对呈显著正相关表现为协同关系，12 对呈显著负相关表现为权衡关系。食物供给与水质调节均与耕地分布密切相关，二者之间呈显著协同关系，但与其他服务呈显著权衡关系。休闲游憩除与食物供给、土壤保持和生物多样性存在显著关系外，与其他服务均无明显关系。除此以外，其他服务之间大多为显著协同关系。其中，生物多样性与其他服务相关系数均较高，关系明显，特别是与土壤保持和碳存储之间存在极明显的协同关系，而与水质调节和食物供给均存在极明显的权衡关系。空气净化与碳存储之间也存在极显著的相关关系。栅格尺度生态系统服务 Spearman 相关系数见图 6-7。

相较于栅格尺度，乡镇尺度各生态系统服务之间的关系基本一致，九种生态系统服务之间 36 对关系中有 22 对存在显著相关关系，存在显著相关关系的生态系统服务对数明显减少，其中 14 对呈显著正相关、表现为协同关系，8 对呈显著负相关、表现为权衡关系。休闲游憩与其他服务之间均不存在显著关系。食物供给和水质调节与其他服务大多为显著权衡关系，而其他服务之间多为协同关

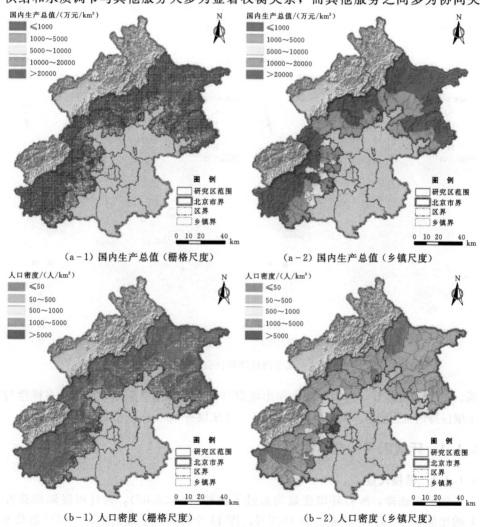

（a-1）国内生产总值（栅格尺度）　　　（a-2）国内生产总值（乡镇尺度）

（b-1）人口密度（栅格尺度）　　　　（b-2）人口密度（乡镇尺度）

图 6-6（一）　北京湾过渡带社会经济因子空间分布

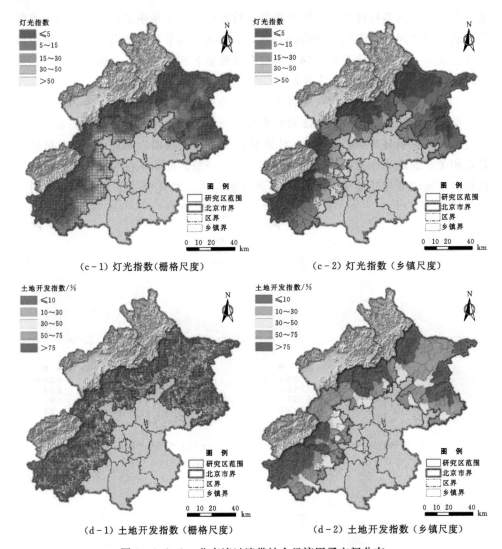

（c-1）灯光指数（栅格尺度）　　　　（c-2）灯光指数（乡镇尺度）

（d-1）土地开发指数（栅格尺度）　　　（d-2）土地开发指数（乡镇尺度）

图 6-6（二）　北京湾过渡带社会经济因子空间分布

系。其中水质调节与生物多样性和土壤保持权衡关系非常强烈，而生物多样性与土壤保持则呈强烈协同关系。乡镇尺度生态系统服务 Spearman 相关系数见图 6-8。

6.1.4　环境因子的全局影响

6.1.4.1　栅格尺度

　　经前向选择，所有环境变量均通过了检验（$p < 0.05$），共计可以解释总方差的比例为 48.8%，校正后为 48.7%，即 11 个环境因子在栅格尺度可以解释 9 种生态系统服务 48.7% 的空间变异，相对较高。栅格尺度 RDA 分析前向选择结

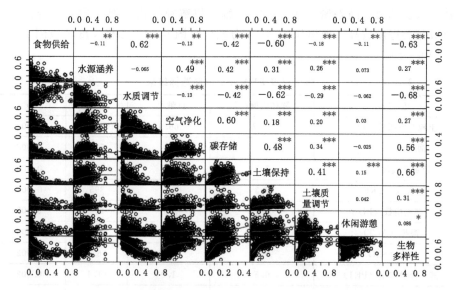

图 6-7　栅格尺度生态系统服务 Spearman 相关系数图

(***、**和*分别表示显著性水平为 0.001、0.01 和 0.05)

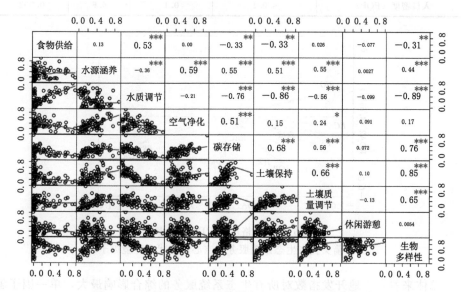

图 6-8　乡镇尺度生态系统服务 Spearman 相关系数图

(***、**和*分别表示显著性水平为 0.001、0.01 和 0.05)

果见表 6-2。排序图直观展示了所有生态系统服务及环境因子之间的相对关系。其中前两轴可以解释总方差的比例为 39.92%，占可解释部分的 81.79%，表达了较高的数据结构信息。RDA 第一轴可以解释的比例为 35.29%，与土地开发指数、坡度和海拔高差密切相关，第二轴可以解释的比例为 4.64%，与降雨量和海拔相关程度较高。栅格尺度 RDA 分析图见图 6-9。栅格尺度环境因子解释率见图 6-10。

表 6-2　　　　　　　　栅格尺度 RDA 分析前向选择结果

环境因子	解释比例/%	贡献/%	F 值	p
土地开发指数（LDI）	32.7	66.9	3287	0.002
海拔高差（AR）	4.9	10.1	536	0.002
植被覆盖度（VC）	3.3	6.8	383	0.002
降雨量（PRE）	3.3	6.7	395	0.002
灯光指数（LI）	2.1	4.2	259	0.002
海拔（ALT）	0.9	1.8	113	0.002
坡度（SLO）	0.6	1.2	76.1	0.002
潜在蒸散发量（PET）	0.5	1.0	61.1	0.002
国内生产总值（GDP）	0.4	0.8	48.7	0.002
净初级生产力（NPP）	0.2	0.4	27.2	0.002
人口密度（POP）	<0.1	0.1	6.6	0.002

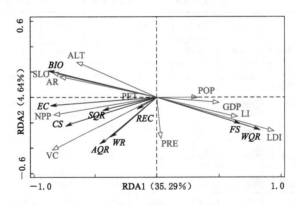

图 6-9　栅格尺度 RDA 分析图
（实心箭头代表生态系统服务，空心箭头代表环境因子）

总体来看，土地开发指数对所有生态系统服务的综合影响最大，单一因子解释率也最高，达 32.7%，坡度、海拔高差、植被覆盖度和净初级生产力的解释率也都超过了 20%，而潜在蒸散发量、降雨量和人口密度单独解释率较低，均不足 5%。然而从累积解释的解释率来看，由于各因子之间存在部分可替代性，土地开发指数、海拔高差、植被覆盖度和降雨量 4 个因子的累积解释率最高，累积可解释 44.2% 的总方差，累积贡献率超过了 90%，基本可代表所有的环境因

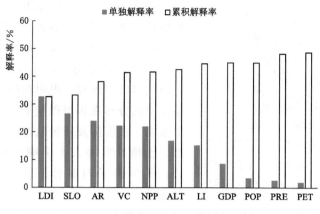

图 6-10　栅格尺度环境因子解释率

子，且恰好分属社会经济、地形、植被和气象 4 组环境因子。

从服务类型看，食物供给和水质调节与社会经济因子密切相关，生物多样性则受地形因子影响较大，其他服务与植被因子关系较大，气象因子对生态系统服务的总体影响相对较小，仅对部分服务如水源涵养关系较大。

变差分解结果显示，在栅格尺度，4 组 11 个环境变量因子对生态系统服务的解释总变差校正后为 48.7%，有 51.3% 的变化无法解释（图 6-11 中 Residuals 部分）。由于各组变量的变差有重叠部分，因此，各组单独解释的变差之和要大于所有变量一起解释的变差。其中社会经济因子（H）的 4 个变量校正后的解释变差为 35.4%，占所解释总变差的 73%，比其他三组都要高，其次为地形因子（T），3 个变量校正后的解释变差为 29.3%，占所解释总变差的 60%，植被因子（V）的 2 个变量校正后的解释变差为 25.5%，占所解释总变差的 52%，气象因子（M）2 个变量校正后的解释变差为 4.1%，仅占所解释总变差的 8%。除去重复部分，完全可由各组变量所解释的变差中同样以社会经济因子最高，为 9.2%（[d] 部分）；其次为地形因子，为 5.3%（[a] 部分）；再次为植被因子，为 3.3%（[b] 部分）；气象因子最低，为 2.7%（[c] 部分），但与其他因子差距较小。两组变量共同解释的变差中，地形因子和社会经济因子共 7 个变量能解释的变差校正后为 42.1%，为最高，占总变差的 86%，但要小于二者单独解释变差之和（29.3%＋35.4%＝64.7%），二者之间存在 22.6% 的重复解释率，说明存在较多共同解释的部分。另外，社会经济因子和气象因子或植被因子的共同解释变差也占总变差的 80% 以上，同样说明社会经济因子起主要作用。三组变量共同解释的变差中，地形因子、植被因子和社会经济因子共同解释的变差校正后为 46%，占总变差的 94%，同样存在重复解释率较高的问题，重复解释率达 19.8%（[k] 部分）。

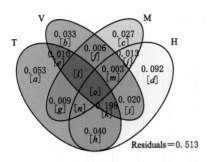

图 6-11　栅格尺度环境因子解释率
变差分解韦恩图（$R^2 < 0$ 不显示）

总体来说，栅格尺度生态系统服务的变化以社会经济因子影响为主，但同时，社会经济因子、地形因子及植被因子之间存在较高的重复解释部分，高达 19.8％的变差由三组变量共同解释，说明在研究区这三组变量的空间分布在相当程度上呈现一致性，即海拔高、坡度陡及植被较好的区域，人口分布、土地开发等人类影响也较少。相较而言，气象因子与其他三组的重复解释率较低。

栅格尺度环境因子解释率变差分解韦恩图见图 6-11，分部变差统计见表 6-3。

表 6-3　　　栅格尺度环境因子解释率分部变差统计

分部变差	变量组	自由度	R^2	校正 R^2	变差百分比/％
[aeghklno]	T	3	0.293	0.293	60
[befiklmo]	V	2	0.255	0.255	52
[cfgjlmno]	M	2	0.041	0.041	8
[dhijkmno]	H	4	0.354	0.354	73
[abefghiklmno]	T+V	5	0.355	0.355	73
[acefghjklmno]	T+M	5	0.342	0.342	70
[adeghijklmno]	T+H	7	0.421	0.421	86
[bcefgijklmno]	V+M	4	0.303	0.303	62
[bdefhijklmno]	V+H	6	0.399	0.398	82
[cdfghijklmno]	M+H	6	0.392	0.391	80
[abcefghijklmno]	T+V+M	7	0.396	0.395	81
[abdefghijklmno]	T+V+H	9	0.461	0.460	94
[acdefghijklmno]	T+M+H	9	0.455	0.454	93
[bcdefghijklmno]	V+M+H	8	0.435	0.435	89
[abcdefghijklmno]	T+V+M+H	11	0.488	0.487	100

6.1.4.2　乡镇尺度

所有环境因子对总方差的解释比例达 76.1％，校正后为 72.5％。经前向选择，剔除了净初级生产力、国内生产总值和潜在蒸散发量三个环境因子（$p > 0.05$），其余环境变量通过了检验（$p < 0.05$），对总方差的解释比例为 74.5％，校正后为 71.8％，实际损失的解释率不到 1％，表明剔除掉三个因子后，模型更

加简约，无明显的共线性问题，且解释比例几乎没有损失，模型质量有所提高，8个环境因子在乡镇尺度可以解释9种生态系统服务71.8%的空间变异，效果较好。排序图直观展示了所有生态系统服务及环境因子之间的相对关系。其中前两轴可以解释总方差的比例为59.14%，占可解释部分的79.37%，表达了较高的数据结构信息。RDA第一轴可以解释的比例为47.13%，与土地开发指数和植被覆盖度密切相关，第二轴可以解释的比例为12.01%，与灯光指数、人口密度和降雨量相关程度较高。

总体来看，乡镇尺度上土地开发指数同样对所有生态系统服务的综合影响最大，单一因子解释率也最高，达44.2%，植被覆盖度、坡度、净初级生产力和灯光指数的解释率也都超过了30%，而海拔高差解释率的排名相对栅格尺度有所下降，潜在蒸散发量和降雨量单独解释率较低，均不足5%。然而从累积解释的解释率来看，由于各因子之间存在部分可替代性，土地开发指数、灯光指数、降雨量和坡度4个因子的累积解释率最高，累积可解释67.1%的总方差，累积贡献率为88.1%，基本可代表所有的环境因子，相对于栅格尺度，植被因子的累积贡献率有所降低。此外，还可以看出虽然净初级生产力和国内生产总值单独解释率较高，但与其他因子存在共线性，即重复解释率较高，因此未通过检验被剔除，而降雨量虽然单独解释率较低，但与其他环境因子关系不大，因此累积解释率较高。

从服务类型看，随着尺度的上升，环境因子对生态系统服务的影响有所变化。社会经济因子仍与水质调节密切相关，但影响程度有所下降；所有环境因子对食物供给的影响都有所下降，人口密度甚至转为负影响；休闲游憩与食物供给类似，环境因子对休闲游憩服务的影响较小。而地形因子的影响提升，除生物多样性外，对碳存储、土壤保持和空气净化服务的影响也较大，气象因子对水源涵养和土壤质量调节存在一定影响，对其他服务影响较小。

乡镇尺度RDA分析前向选择结果见表6-4，RDA分析图见图6-12，环境因子解释率见图6-13。

表 6-4　　　　　　　　乡镇尺度 RDA 分析前向选择结果

环 境 因 子	解释比例/%	贡献/%	p 值
土地开发指数（LDI）	44.2	58.1	0.002
灯光指数（LI）	10.1	13.2	0.002
降雨量（PRE）	7.2	9.4	0.002
坡度（SLO）	5.6	7.4	0.002
人口密度（POP）	2.6	3.4	0.002
植被覆盖度（VC）	2.4	3.2	0.002

续表

环 境 因 子	解释比例/%	贡献/%	p 值
海拔高差（AR）	1.2	1.6	0.006
海拔（ALT）	1.2	1.6	0.002
净初级生产（NPP）	0.6	0.8	0.112
国内生产总值（GDP）	0.5	0.6	0.162
潜在蒸散发量（PET）	0.5	0.6	0.19

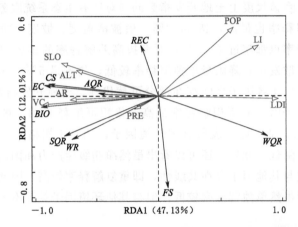

图 6-12　乡镇尺度 RDA 分析图

（实心箭头代表生态系统服务，空心箭头代表环境因子）

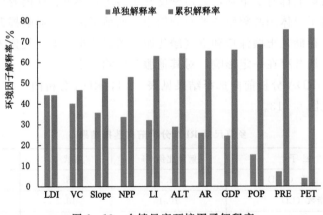

图 6-13　乡镇尺度环境因子解释率

变差分解结果显示，在乡镇尺度，4 组 11 个变量因子解释总变差校正后为
72.5%，比栅格尺度提升了 20 多个百分点，仅有 27.5%的变化无法解释（图 6-14
中 Residuals 部分）。社会经济因子（H）的 4 个变量校正后的解释变差为 56%，

占所解释总变差的 77％，比其他因子都要高。相比于栅格尺度，虽然植被因子（V）总体解释率要高于地形因子（T），2 个变量校正后的解释变差为 44％，占所解释总变差的 61％，而地形因子的 3 个变量校正后的解释变差为 39.3％，占所解释总变差的 54％。气象因子（M）2 个变量校正后的解释变差为 9.9％，仅占所解释总变差的 14％。各组变量之间同样存在不同程度的重复解释部分，除去重复部分，完全可由各组变量所解释的变差中同样以社会经济因子最高，为 12.4％（[d] 部分）；其次为地形因子，为 5％（[a] 部分）；再次为气象因子，为 4.2％（[c] 部分）；植被因子最低，为 2.6％（[b] 部分）。可以看出，虽然植被因子总体解释率高，但去除重复部分后，其单独解释率仍低于地形因子，甚至低于气象因子。两组变量共同解释的变差中，地形因子和社会经济因子共 7 个变量能解释的变差校正后为 64.8％，占总变差的 89％，小于二者单独解释变差之和（39.3％＋56％＝95.3％），二者之间存在 30.5％的重复解释率；气象因子与社会经济因子 6 个变量能解释的变差校正后同样 64.8％，但重复解释率仅为 1.1％。三组变量共同解释的变差以地形因子、气象因子和社会经济因子共同解释的变差最高，校正后为 69.9％，占总变差的 96％。

总体来说，乡镇尺度生态系统服务的变化同样以社会经济因子影响为主，社会经济因子、地形因子及植被因子之间存在较高的重复解释部分，高达 31.2％的变差由三组变量共同解释，说明在研究区这三组变量的空间分布在乡镇尺度上也呈现一致性。除去重复解释部分后，植被因子的解释率仅为 2.6％。

乡镇尺度环境因子解释率变差分解韦恩图见图 6-14，分部变差统计见表 6-5。

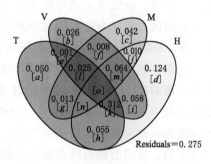

图 6-14 乡镇尺度环境因子解释率变差分解韦恩图（$R^2<0$ 不显示）

表 6-5 乡镇尺度环境因子解释率分部变差统计

分部变差	变量组	自由度	R^2	校正 R^2	变差百分比/％
[aeghklno]	T	3	0.415	0.393	54
[befiklmo]	V	2	0.453	0.440	61
[cfgjlmno]	M	2	0.121	0.099	14
[dhijkmno]	H	4	0.581	0.560	77
[abefghiklmno]	T＋V	5	0.576	0.549	76
[acefghjklmno]	T＋M	5	0.546	0.517	71
[adeghijklmno]	T＋H	7	0.678	0.648	89

续表

分部变差	变量组	自由度	R^2	校正 R^2	变差百分比/%
[bcefgijklmno]	V+M	4	0.520	0.496	68
[bdefhijklmno]	V+H	6	0.648	0.620	86
[cdfghijklmno]	M+H	6	0.673	0.648	89
[abcefghijklmno]	T+V+M	7	0.635	0.601	83
[abdefghijklmno]	T+V+H	9	0.717	0.683	94
[acdefghijklmno]	T+M+H	9	0.731	0.699	96
[bcdefghijklmno]	V+M+H	8	0.706	0.675	93
[abcdefghijklmno]	All	11	0.761	0.725	100

6.1.5 生态系统服务簇及分区

1. 乡镇尺度

乡镇为政策制定和实施的实体单元,根据其生态系统服务供给特征进行分区以便于管理。研究区乡镇可聚类为三个分区,Ⅰ区为城镇休闲区,Ⅱ区为山前农产品提供区,Ⅲ区为浅山生态涵养区。根据各区生态系统服务供给特征,结合乡镇尺度 RDA 分析结果,生态系统服务可以分为食物供给、水质调节、休闲游憩和综合服务四簇。乡镇尺度降雨对食物供给存在一定影响,而土地开发指数对水质调节影响较大,休闲游憩则同时受人口密度和地形因子影响,综合服务多为EES类服务,同时受地形因子、植被因子和气象因子影响。其中食物供给与休闲游憩为权衡关系,水质调节与综合服务为明显权衡关系;同时食物供给与水质调节之间、休闲游憩与综合服务之间存在着一定协同关系。

从各区生态系统服务供给特征来看,城镇休闲区主要包括城市化较高的几个乡镇,土地开发程度高,人口密度大,生态系统服务供给以休闲游憩为主,水质调节和空气净化等受人类影响较大的 HES 类服务供给也较高,其他生态系统服务供给非常低下。山前农产品提供区主要包括山前平原面积比例较高的乡镇,人类影响同样较高,以食物供给和水质调节为主,但其他生态系统服务相比城镇休闲区要高,除土壤保持和碳存储外,其他服务的供给都可达到最大值的一半以上,总体相对均衡,过渡性质更明显。浅山生态涵养区人类影响较小,土地开发程度和人口密度相对低下,主要以综合服务簇供给为主,除食物供给和水质调节外,其他生态系统服务供给都为最大值或接近最大值,是生态系统服务的主要供给区,影响着整个区域的生态平衡。

乡镇尺度生态系统服务分区见图 6-15,各分区生态系统服务供给对比见图 6-16。

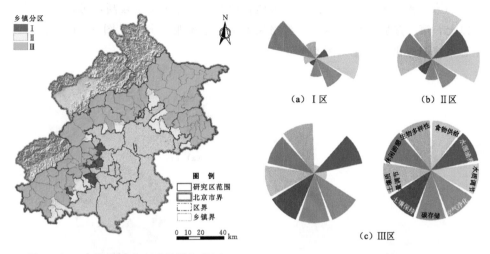

图 6-15 乡镇尺度生态系统服务分区

图 6-16 乡镇尺度各分区生态系统服务
供给对比图

2. 栅格尺度

由于乡镇内部也存在空间异质性，生态系统服务供给不尽相同，因此，在栅格尺度进行生态系统服务簇识别和分区，从而实现精细化管理具有重要意义。栅格尺度可以分为4个区。根据各区生态系统服务供给特征，结合栅格尺度RDA分析结果，生态系统服务可以分为四簇，第一簇为食物供给和水质调节，第二簇为生物多样性，第三簇为休闲游憩、土壤保持和土壤质量调节，第四簇为水源涵养、碳存储和空气净化。第一簇明显受社会经济因子影响，第二簇主要受地形因子影响，第三簇和第四簇同时受植被因子和气象因子影响。其中第一簇与第二簇存在明显的权衡关系，与第三簇也存在一定权衡关系，而与第四簇权衡关系较弱；第二簇与第三簇存在明显协同关系，与第四簇存在较弱协同关系；第三簇和第四簇存在明显协同关系。

从生态系统服务供给特征来看，Ⅰ区主要为平原区，主要分布于乡镇尺度的城镇休闲区和山前农产品提供区，生态系统服务供给以第一簇食物供给和水质调节为主。Ⅱ区主要位于研究区中部，分布于乡镇尺度的山前农产品提供区和浅山生态涵养区，生态系统服务供给呈现明显过渡性，没有一项服务的供给是最高或最低，相对较为均衡，其中生物多样性相对较高，而食物供给较低，其他服务供给介于最大值的30％～60％。Ⅲ区主要位于浅山生态涵养区的北部区域，生态系统服务供给以第二簇和第四簇为主，其中第四簇水源涵养等服务的供给在各区中为最高，第三簇服务的供给也可达最大值一半以上，第一簇服务供给较低。Ⅳ区主要位于研究区北部和南部，分布于浅山生态涵养区，生态系统服务供给以第二簇和第三簇为主,均为各区中最大值,第四簇服务供给也较高,可达最大值一半以上,第一簇服务供给较低。栅格尺度生态系统服务分区见图 6-17,各分区生态系统服务供给对比见图 6-18。

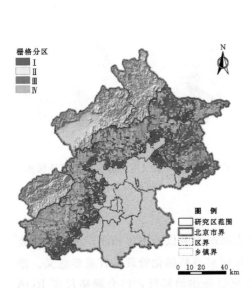

图 6-17 栅格尺度生态系统服务分区

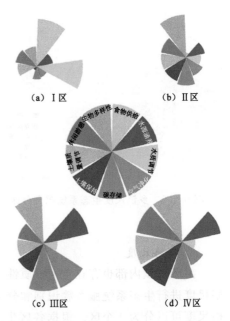

图 6-18 栅格尺度各分区生态系统
服务供给对比图

6.2 局 域 角 度

生态系统服务局域角度的研究,首先通过构建快速评估框架,评估研究区生态系统服务关系的强度,并展示其空间分布;然后利用和弦图展示各类关系的详细组成,对比不同生态系统服务类型之间的关系;同时以典型生态系统服务对为例展示其在不同乡镇可表现出不同类型的关系,以典型乡镇为例展示同一乡镇也可表现出不同的生态系统服务关系;最后利用地理加权回归(GWR)分析展示环境因子对生态系统服务的局域影响。

6.2.1 研究方法

6.2.1.1 局域生态系统服务关系评估框架

对于局域视角下生态系统服务关系的研究,本书基于叠置分析法提出了一种快速量化评价单元生态系统服务关系及其强度的评估框架,同时可识别各评价单元的主导关系。具体来说，首先将研究区范围内每个评价单元（栅格或乡镇）分别按每种生态系统服务的供给量从高到低排列，前 25％ 的评价单元作为该生态系统服务供给高的区域，中间 50％ 作为供给中等的区域，后 25％ 生态系统服务作为供给低的区域。然后将九种生态系统服务进行空间叠置，分析其空间分布的一致性，考虑到协同关系在一般研究中通常被认为是生态系统服务之间的积极关系（Vallet et al.，2018），因此，除权衡关系和协同关系外，将两种生态系统服务同时减少则视为双输关系（Li et al.，2016；Haase et al.，2012）。具体到本书，在同一评价单元内，供给高的生态系统服务与供给低的生态系统服务视为权衡关系，两种生态系统服务供给同时高视为协同关系，而两种生态系统服务供给同时低则视为双输关系，其他视为无关。最后分别统计每一个评价单元中权衡关系、协同关系和双输关系的数量，作为该评价单元每个关系的强度，从而实现方便快捷地量化多种生态系统服务关系的强度，揭示其空间异质性。在空间展示时，采用 Natural Breaks（Jenks）方法将评价单元分为五个等级，从低到高分别为非常弱、弱、中等、较强和非常强，以表征每个评价单元三种关系在整个研究区的相对强弱程度。在判断供给单元的主导关系时，以表现数量最多的关系作为该供给单元的主导关系；当数量相同时，根据各类关系的关注程度，其优先级为权衡关系＞双输关系＞协同关系，若无关关系占总数一半以上时，则视该供给单元主导关系为无关。空间分析和作图采用 ArcGIS 10.1。局域视角多种生态系统服务关系识别及量化评估框架见图 6-19。

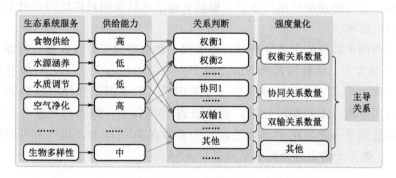

图 6-19　局域视角多种生态系统服务关系识别及量化评估框架

6.2.1.2　生态系统服务关系构成分析方法

和弦图在展示不同类别因素之间关系方面具有优势。本书利用和弦图展示栅格尺度和乡镇尺度生态系统服务每类关系的来源及其构成，弦的宽度为两个生态系统服务之间发生权衡、协同或双输关系的供给单元数量，用于表征三种生态系统服务关系的强度。和弦图分析和作图采用 R 软件中 circlize 包。

6.2.1.3　典型案例分析

选择空间表现差异较大的典型成对生态系统服务，分析其在栅格和乡镇两个尺度下每个供给单元的关系类型，用于阐释生态系统服务关系的空间异质性。成对典型生态系统服务关系选择生物多样性-空气净化、生物多样性-休闲游憩和空气净化-土壤保持。

选择典型乡镇，分析其在栅格和乡镇两个尺度下生态系统服务各类关系之间的总体强度，用于阐释同一供给单元的生态系统服务可同时表现出较强的几种关系。典型乡镇选择海淀区的香山街道、房山区的十渡镇、平谷区的镇罗营镇和密云区的北庄镇。

6.2.1.4　环境因子的局域影响

相较于传统回归模型假定回归参数在整个研究区一致，地理加权回归（Geographically Weighted Regression，GWR）模型的参数随着空间位置的变化而变化，可以对每个地理位置的函数变量系数给出局部的估计值，通过变量系数估计值的空间变化反映其空间变异特征（孙克，2016），可以提高模型拟合优度（马宗文等，2011），被认为是对传统回归分析的扩展（Sheng et al.，2017），在生态学相关研究中也逐渐得到应用（Peng et al.，2017；Li et al.，2017b）。

为研究环境因子对生态系统服务的局部影响，首先利用主成分分析，提取栅格尺度地形因子、植被因子、气象因子和社会经济因子 4 类 11 个环境因子的第一主成分作为 4 类因子的代表，进而以生态系统服务总量为因变量，以 4 类因子作为自变量进行地理加权回归分析，根据其输出的结果阐释环境因子对生态系统服务的局域影响。

从 4 类因子提取的主成分来看，地形因子和植被因子可以解释所有因子的总方差在 90% 左右，所解释各因子的公因子方差也均在 80% 以上，与所有因子的相关性都在 90% 以上，很好地代表了原有因子。气象因子和社会经济因子可以解释所有因子的总方差相对较低，但也达到 60% 以上；除人口密度外，所解释各因子的公因子方差均在 60% 以上，相关系数在 70% 以上，基本上可以代表原有因子。4 类因子的主成分提取结果见表 6-6。

表 6-6　　　　　　　　　4 类因子的主成分提取结果

影响因子		总方差解释/%	公因子方差	相关系数
地形因子	海拔		0.81	0.90
	海拔高差	88.98	0.93	0.96
	坡度		0.94	0.97
植被因子	植被覆盖度	92.75	0.93	0.96
	净初级生产力		0.93	0.96

续表

影响因子		总方差解释/%	公因子方差	相关系数
气象因子	潜在蒸散发量	68.76	0.69	−0.83
	降雨		0.69	0.83
社会经济因子	灯光指数	61.61	0.78	0.88
	国内生产总值		0.66	0.81
	人口密度		0.41	0.64
	土地开发指数		0.62	0.79

6.2.2　生态系统服务关系强度及其空间分布

6.2.2.1　权衡关系

6779 个栅格单元中有 18％的单元格（1213 个）生态系统服务的权衡关系非常弱，38％的单元格（2545 个）权衡关系较弱，24％的单元格（1639 个）权衡关系中等，16％的单元格（1118 个）权衡关系较强，4％的单元格（264 个）权衡关系非常强。总体来说，越靠近人类活动较多的平原地区，权衡关系越强烈，特别是密云区、顺义区和房山区靠近平原的地区，存在权衡关系的生态系统服务在 12 对以上，表现非常强烈，需要特别关注。

85 个乡镇级行政单元中，有 29％（25 个）的生态系统服务权衡关系非常弱，另有 34％（29 个）表现为弱权衡关系，19％（16 个）表现为中等权衡关系，14％（12 个）表现为较强的权衡关系，仅 4％（3 个）表现为非常强的权衡关系，多分布于平谷区和房山区。其中平谷区镇罗营镇表现最为强烈，多达 18 对生态系统服务之间存在权衡关系，其次为丰台区长辛店镇，为 15 对，再次为平谷区熊儿寨乡，也有 14 对生态系统服务存在权衡关系。生态系统服务权衡关系强度空间分布见图 6−20。

6.2.2.2　协同关系

6779 个栅格单元中有 31％的单元格（2087 个）生态系统服务协同关系非常弱，52％的单元格（3498 个）协同关系较弱，11％的单元格（758 个）协同关系中等，5％的单元格（340 个）协同关系较强，仅 1％的单元格（96 个）协同关系非常强。总体来说，大部分单元格生态系统服务协同作用较弱，生态系统服务协同作用较强的区域主要分布于密云区云蒙山区域、平谷区四座楼区域和海淀区、石景山区与门头沟区交界的区域，这些区域主要为自然保护地，如云蒙山自然保护区、四座楼自然保护区和西山森林公园等，这些区域存在协同作用的生态系统服务可达 10 对以上。昌平区、门头沟区和怀柔区大部分区域生态系统服务协同作用较弱。

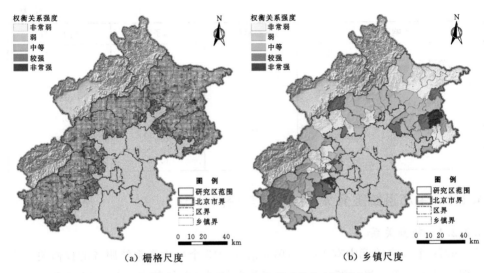

（a）栅格尺度　　　　　　　　（b）乡镇尺度

图 6-20　生态系统服务权衡关系强度空间分布

　　85 个乡镇级行政单元中，有 32%（27 个）的生态系统服务协同关系非常弱，另有 49%（42 个）表现为弱协同关系，8%（7 个）表现为中等协同关系，5%（4 个）表现为较强的协同关系，6%（5 个）表现为非常强的协同关系，多分布于密云区、平谷区和房山区。其中平谷区的熊儿寨乡表现最为强烈，多达 21 对生态系统服务之间存在协同关系，其次为平谷区镇罗营镇和黄松峪乡以及密云区北庄镇，都有 15 对生态系统服务存在协同关系。生态系统服务协同关系强度空间分布见图 6-21。

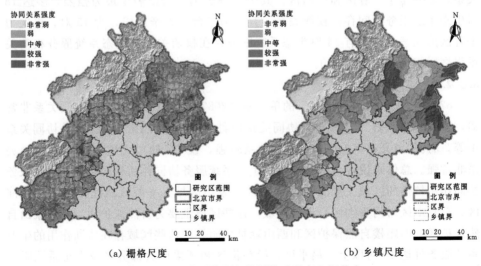

（a）栅格尺度　　　　　　　　（b）乡镇尺度

图 6-21　生态系统服务协同关系强度空间分布

6.2.2.3 双输关系

6779个栅格单元中有34%的单元格（2312个）生态系统服务双输关系非常弱，51%的单元格（3454个）双输关系较弱，7%的单元格（451个）双输关系中等，5%的单元格（356个）双输关系较强，3%的单元格（206个）双输关系非常强。总体来说，越靠近过渡区边界人类活动较多的地区，双输关系越强烈，存在双输关系的生态系统服务可达15对以上，生态系统服务亟须加强。

85个乡镇级行政单元中，有47%（40个）生态系统服务双输关系非常弱，另有36%（31个）表现为弱双输关系，8%（7个）表现为中等双输关系，5%（4个）表现为较强的双输关系，4%（3个）表现为非常强的双输关系，多分布于房山区、丰台区和门头沟区等土地开发程度较高的区域。其中门头沟的大峪街道和城子街道表现最为强烈，有28对生态系统服务表现为双输关系，房山区的迎风街道也有21对生态系统服务表现为双输关系。生态系统服务双输关系强度空间分布见图6-22。

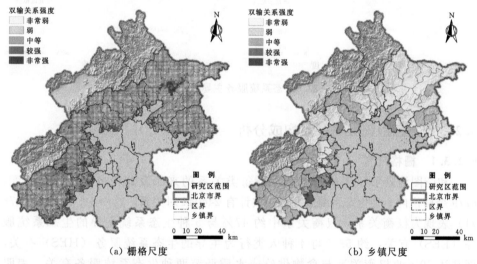

图6-22 生态系统服务双输关系强度空间分布

6.2.2.4 主导关系

生态系统服务主导关系的分析结果表明，74%的单元格（5037个）主要表现为无关关系，12%的单元格（777个）主要表现为权衡关系，10%的单元格（687个）主要表现为双输关系，仅4%的单元格（278个）主要表现为协同关系。权衡关系和双输关系为主导关系的栅格往往相伴分布于过渡区靠近平原区一侧，需要更精细的管理，提高生态系统服务的供给。协同关系为主导关系的栅格主要分布于密云区和平谷区。乡镇尺度的分析结果表明，72%的乡镇（61个）主要表现为无关关系，12%（10个）主要表现为权衡关系，9%（8个）主要表现为双输关系，7%（6 个）主要表现为协同关系。权衡关系为主导关系的乡镇大多靠近平原区，也有部分乡镇分布于房山区和平谷区的山区。协同关系为主导关系的乡镇分布于密云区和平谷区的山区，双输关系为主导关系的乡镇多靠近平原区。生态系统服务主导关系空间分布见图 6-23。

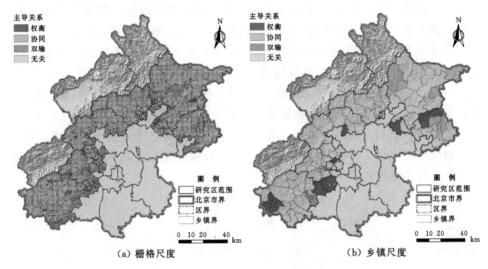

（a）栅格尺度　　　　　　　　　　　　　（b）乡镇尺度

图 6-23　生态系统服务主导关系空间分布

6.2.3　生态系统服务关系构成分析

6.2.3.1　栅格尺度

和弦图清晰展示了生态系统服务每类关系的来源及其构成。在栅格尺度，6779 个栅格内 9 种生态系统服务之间共计有 244044 对关系，其中 13.84%（33776对）表现为权衡关系，权衡关系中约 47% 与 5 种生态系统主导的生态系统服务（EES）有关，约 53% 与 4 种人类行为主导的生态系统服务（HES）有关，而高达 69% 的权衡关系与食物供给或水质调节两种生态系统服务有关，表明 HES，特别是食物供给和水质调节两种服务更容易发生权衡关系，而食物供给与土壤保持两种服务在约 37%（2493）的栅格中都表现为权衡，占比最高。占总数 6.47%（15781 对）的生态系统关系表现为协同，其中约 40% 与 4 种 HES有关，而 60% 与 5 种 EES 有关，发生协同关系占比最高的一对服务为食物供给与水质调节，在 16%（1099）的栅格中表现为协同关系。占总数 9.58%（23384对）的生态系统服务关系表现为双输，其中约 39% 与 4 种 HES 有关，而 61% 与 5 种 EES 有关，发生双输关系占比最高的一对服务同样为食物供给与水质调节，在 21%（1393）的栅格中表现为双输关系。

将 HES 和 EES 两种主导类型生态系统服务内部及相互之间发生的各种关系

的栅格数量进行统计，对其平均值进行比较，发现 HES 与 EES 间发生权衡关系的栅格数量较多，平均每对 HES‑EES 在 1185 个栅格中表现为权衡关系。而 EES 内部发生协同和双输关系的数量较多，平均每对 EES 分别在 563 个和 958 个栅格表现为协同和双输关系。总体来看，不同主导类型的生态系统服务之间更多表现为权衡关系，而相同类型的生态系统服务之间更多表现为协同或双输关系。栅格尺度生态系统服务关系和弦图见图 6‑24。每对主导类型生态系统服务

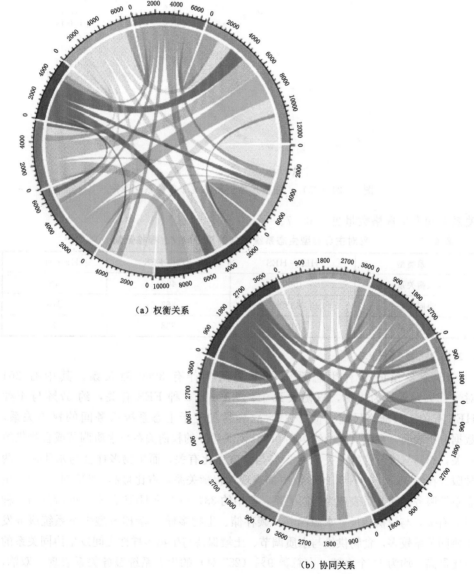

（a）权衡关系

（b）协同关系

图 6‑24（一）　栅格尺度生态系统服务关系和弦图

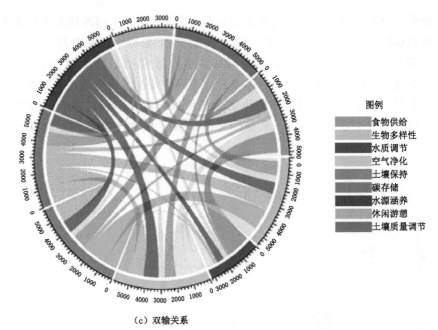

图例

- 食物供给
- 生物多样性
- 水质调节
- 空气净化
- 土壤保持
- 碳存储
- 水源涵养
- 休闲游憩
- 土壤质量调节

（c）双输关系

图 6-24（二）　栅格尺度生态系统服务关系和弦图

关系平均发生栅格数量见表 6-7。

表 6-7　　　　　每对主导类型生态系统服务关系平均发生栅格数量

关系类型	HES-HES	EES-EES	HES-EES
权衡关系	1000	407	1185
协同关系	438	563	376
双输关系	712	958	476

6.2.3.2　乡镇尺度

85 个乡镇的 9 种生态系统服务之间共计有 3060 对关系，其中有 361 对（12%）表现为权衡，权衡关系中约 43% 与 5 种 EES 有关，约 57% 与 4 种 HES 有关。与栅格尺度类似，HES 更容易发生于生态系统服务间的权衡关系，数据分析表明，乡镇尺度中约 70%（251 对关系）的权衡关系与水质调节或食物供给相关，23% 与休闲游憩相关，约 20% 与空气净化有关，而生物多样性与水质调节两种服务在约 35%（30 个）的乡镇中都表现为权衡关系，占比最高。227 对（7%）生态系统服务之间关系表现为协同关系，其中约 33% 与 4 种 HES 有关，而 67% 与 5 种 EES 有关，与权衡相反，水源涵养、碳存储、生物多样性等 EES 型生态系统服务发生协同关系较多，食物供给与水质调节、土壤保持与生物多样性之间发生协同关系的占比最高，均为 14 个乡镇。占总数 9%（285 对）的生态系统服务关系表现为双输，其中约 31% 与 4 种 HES 有关，而 69% 与 5 种 EES 有关，生物多样性与碳存储和土壤质量调节之间发生双输关系占比最高，均为 17 个乡镇。

与栅格尺度类似，HES 与 EES 间发生权衡关系的栅格数量较多，平均每对 HES - EES 在 14 个乡镇中表现为权衡关系，EES 之间很少发生权衡关系，平均每对 EES 仅在 1 个乡镇表现为权衡关系。而 EES 内部发生协同和双输关系的数量较多，平均每对 EES 分别在 11 个和 15 个乡镇表现为协同和双输关系。总体来看，不同主导类型的生态系统服务之间更多表现为权衡关系，而相同类型的生态系统服务之间更多表现为协同或双输关系。

乡镇尺度生态系统服务关系和弦图见图 6 - 25。每对主导类型生态系统服务

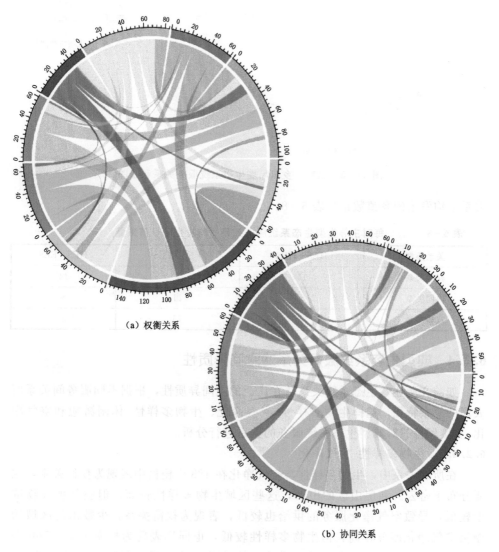

（a）权衡关系

（b）协同关系

图 6 - 25（一）　乡镇尺度生态系统服务关系和弦图

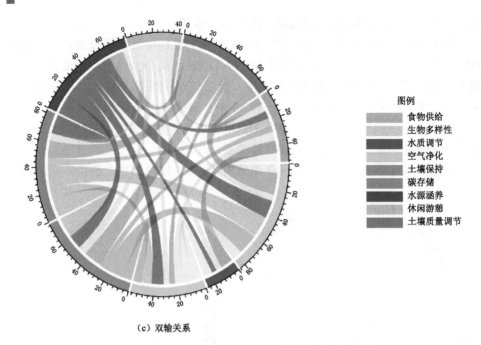

（c）双输关系

图 6 - 25（二） 乡镇尺度生态系统服务关系和弦图

关系平均发生的乡镇数量见表 6 - 8。

表 6 - 8 每对主导类型生态系统服务关系平均发生的乡镇数量

关系类型	HES – HES	EES – EES	HES – EES
权衡关系	10	1	14
协同关系	5	11	5
双输关系	7	15	5

6.2.4 典型生态系统服务关系的空间异质性

如前文所述，生态系统关系存在广泛的空间异质性，根据不同服务间关系所表现的复杂特征，选择生物多样性-空气净化、生物多样性-休闲游憩和空气净化-土壤保持三对典型生态系统服务的关系进行分析。

6.2.4.1 生物多样性-空气净化

在所有关系中，生物多样性与空气净化在 488 个栅格中表现为权衡关系，主要分布于密云区和房山区的山区，这些区域生物多样性较高，但空气颗粒物浓度较低，导致空气净化服务的供给也较低，表现为权衡关系，少数山前区域的栅格空气净化服务较高，但生物多样性较低，也同样表现为权衡关系。560 个栅格表现为协同关系，各区均有分布，大多位于生境质量较高，植被条件好，同时距离城区不远，空气污染较重的区域。708 个栅格表现为双输关系，集中分布于平原区，这些区域人为干扰大，植被条件较差，两种服务供给都处于较低水平。

在乡镇尺度，生物多样性与空气净化在 9 个乡镇表现为权衡关系，主要包括两块区域，一个位于房山西部，有蒲洼、霞云岭等自然保护地，生境质量高，空气质量好的山区；一个位于丰台河西地区，空气质量较差，空气净化服务供给较高，但生物多样性较低。7 个乡镇表现为协同关系，主要位于密云区和平谷区的东部，有雾灵山、四座楼等自然保护地，生物多样性丰富，同时由于靠近华北平原，空气净化服务高。8 个乡镇表现为双输关系，同栅格尺度类似，分布于人为干扰大，植被条件较差的平原地区。生物多样性-空气净化之间各类关系的空间分布见图 6-26。

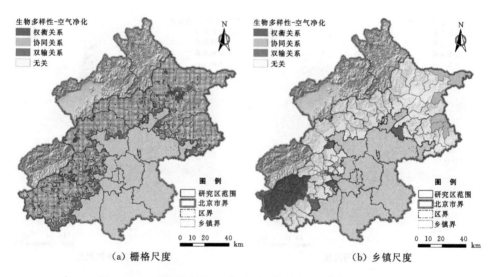

图 6-26 生物多样性-空气净化之间各类关系的空间分布

6.2.4.2 生物多样性-休闲游憩

在所有关系中，生物多样性与休闲游憩在 714 个栅格表现为权衡关系，根据两种服务的供给情况同样分为两种情况，第一种分布于密云区西北部及与平谷区交界部分、延庆区与昌平区交界部分、房山区与门头沟区交界部分，以上区域人为干扰较少，生境质量较高，生物多样性相对丰富，但同时距离城区较远，交通不便，也缺乏著名的自然景点，因此呈现出生物多样性较高而休息游憩服务较低的权衡关系。第二种分布于丰台河西地区及石景山与海淀交界地区，这些区域人类活动较多，自然景点丰富，休闲游憩服务突出，但生境质量较低，生物多样性匮乏，表现出休闲游憩服务高而生物多样性较低的权衡关系。528 个栅格表现为协同关系，主要分布于密云区云蒙山地区、平谷区四座楼地区、昌平区大杨山地区、海淀区凤凰岭地区及房山区部分山区，这些地区大多分布有风景名胜区、森林公园等自然保护地，生物多样性较高，同时存在较多自然景点，因此呈现出协同关系。460 个栅格表现为双输关系，大多分布于靠近平原区耕地较多的区域，生物多样性及休闲游憩供给低下，呈现双输的关系。

在乡镇尺度，生物多样性与休闲游憩在 9 个乡镇表现为权衡关系，与栅格尺度分布较为一致，或分布于较远的山区，或分布于距离城区较近的区域。6 个乡镇表现为协同关系，大多分布有自然保护地，同时自然景点也开发较好的乡镇。5 个乡镇表现为双输关系，除顺义区的木林镇分布有较多耕地外，其余均为城市化较高的地区，两种服务的供给水平较低。

生物多样性-休闲游憩之间各类关系的空间分布见图 6-27。

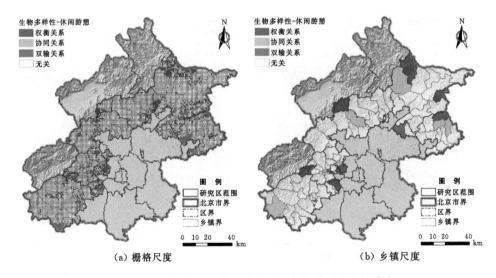

图 6-27　生物多样性-休闲游憩之间各类关系的空间分布

6.2.4.3　空气净化-土壤保持

在所有关系中，空气净化与土壤保持在 548 个栅格表现为权衡关系，主要分布于房山区西部，该区域海拔高差大，坡度陡，土壤潜在侵蚀量较高，而植被较好，因此土壤保持服务供给高；同时由于人为干扰较低，空气净化服务的供给也较低，表现为权衡关系，类似区域还分布于怀柔和密云等区。而丰台和海淀等坡度平缓的地区土壤保持服务供给较低，但空气净化服务较高，也容易表现为权衡关系。392 个栅格表现为协同关系，主要分布于研究区东部的密云区和平谷区，土壤保持服务供给高的同时也提供了较高的空气净化服务。802 个栅格表现为双输关系，与其他服务之间关系类似，大多分布于平原地区。

在乡镇尺度，空气净化与土壤保持在 11 个乡镇表现为权衡关系，7 个乡镇表现为协同关系，7 个乡镇表现为双输关系，与栅格尺度表现基本一致，不再赘述。

空气净化-土壤保持之间各类关系的空间分布见图 6-28。

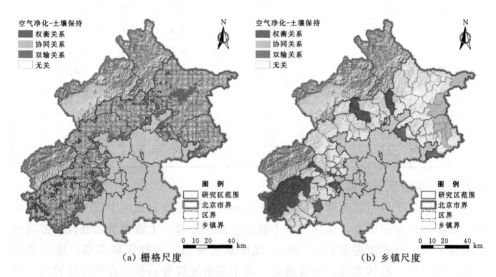

（a）栅格尺度　　　　　　　　　　　（b）乡镇尺度

图 6-28　空气净化-土壤保持之间各类关系的空间分布

6.2.5　典型乡镇生态系统服务关系的差异

由于生态系统服务类型众多，即使同一供给单元也可能同时表现出权衡关系和协同关系。选择典型乡镇，分析各生态系统服务间的关系及其差异。

6.2.5.1　海淀区香山街道

香山街道位于海淀区西北部，紧邻城区，拥有香山公园、北京植物园等诸多著名自然景点，同时部分区域属西山国家森林公园，生态系统质量较高，生境相对较好。总体来看，香山街道有 5 项生态系统服务的供给在研究区较高，两项为中等，两项较低。在 36 对关系中，有 10 对为权衡关系、10 对为协同关系，1 对为双输关系，15 对表现为无关。香山街道耕地较少，食物供给和水质调节服务的供给较低，相互之间表现为双输，而权衡关系也大多发生于食物供给或水质调节服务与其他生态系统服务之间，与研究区总体状况一致。由于拥有自然景点、森林公园、林场，香山街道的休闲游憩、水源涵养、生物多样性和空气净化供给较高，相互表现为协同关系。而土壤相关服务的供给为中等，与其他服务间关系表现为无关。海淀区香山街道各生态系统服务关系见表 6-9。

表6-9 海淀区香山街道各生态系统服务关系 (对角线为各服务供给水平)

服务类型	食物供给	水源涵养	水质调节	空气净化	碳存储	土壤保持	土壤质量调节	休闲游憩	生物多样性
食物供给	低	权衡	双输	权衡	权衡	无关	无关	权衡	权衡
水源涵养	权衡	高	权衡	协同	协同	无关	无关	协同	协同
水质调节	双输	权衡	低	权衡	权衡	无关	无关	权衡	权衡
空气净化	权衡	协同	权衡	高	协同	无关	无关	协同	协同
碳存储	权衡	协同	权衡	协同	高	无关	无关	协同	协同
土壤保持	无关	无关	无关	无关	无关	中等	无关	无关	无关
土壤质量调节	无关	无关	无关	无关	无关	中等	无关	无关	无关
休闲游憩	权衡	协同	权衡	协同	协同	无关	无关	高	协同
生物多样性	权衡	协同	权衡	协同	协同	无关	无关	协同	高

6.2.5.2 房山区十渡镇

十渡镇位于房山区西部山区,与河北省相邻,地处北京市十渡-上方山-石花洞生物多样性分布中心,境内拥有十渡国家地质公园、十渡风景名胜区、拒马河自然保护区,海拔高差超过1000m,地质景观突出,生物资源丰富,也是北京著名自然景点。总体来看,十渡镇有5项生态系统服务的供给在研究区较高,两项为中等,两项较低。在36对关系中,同样有10对为权衡关系、10对为协同关系,1对为双输关系,15对表现为无关。十渡镇地处山区,耕地较少,空气质量较好,水质调节和空气净化服务的供给较低,相互之间表现为双输,而权衡关系发生于这两项服务与其他生态系统服务之间。由于降雨较多、海拔高差大、生物和自然景观资源丰富,因此,相应水源涵养、土壤保持、土壤质量调节、休闲游憩和生物多样性均较高,相互表现为协同关系。而食物供给和碳存储为中等,与其他服务间关系表现为无关。房山区十渡镇各生态系统服务关系见表6-10。

表6-10 房山区十渡镇各生态系统服务关系 (对角线为各服务供给水平)

服务类型	食物供给	水源涵养	水质调节	空气净化	碳存储	土壤保持	土壤质量调节	休闲游憩	生物多样性
食物供给	中等	无关	无关	无关	无关	无关	无关	无关	无关
水源涵养	无关	高	权衡	权衡	无关	协同	协同	协同	协同
水质调节	无关	权衡	低	双输	无关	权衡	权衡	权衡	权衡
空气净化	无关	权衡	双输	低	无关	权衡	权衡	权衡	权衡
碳存储	无关	无关	无关	无关	中等	无关	无关	无关	无关
土壤保持	无关	协同	权衡	权衡	无关	高	协同	协同	协同
土壤质量调节	无关	协同	权衡	权衡	无关	协同	高	协同	协同

服务类型	食物供给	水源涵养	水质调节	空气净化	碳存储	土壤保持	土壤质量调节	休闲游憩	生物多样性
休闲游憩	无关	协同	权衡	权衡	无关	协同	协同	高	协同
生物多样性	无关	协同	权衡	权衡	无关	协同	协同	协同	高

6.2.5.3 平谷区镇罗营镇

镇罗营镇位于平谷区北部山区，地处黄松峪-锥峰山生物多样性分布中心，分布有四座楼自然保护区，同时部分山区与黄松峪国家森林公园、黄松峪国家地质公园和丫髻山森林公园相邻，生物资源丰富。总体来看，镇罗营镇有 6 项生态系统服务的供给在研究区较高，三项较低。在 36 对关系中，有 18 对为权衡关系、15 对为协同关系，3 对为双输关系。镇罗营镇地处山区，食物供给和水质调节供给较低，同时距离城区较远且缺乏著名自然景点，休闲游憩服务供给也较低，三者之间呈现双输关系，与其他服务之间表现为权衡关系。但镇罗营镇降雨较高，生态系统质量较好，生物资源相对丰富，因此其余服务供给较高，互相之间表现为协同关系。综上，虽然镇罗营镇主导关系为权衡，但也表现出强烈的协同关系。平谷区镇罗营镇各生态系统服务关系见表 6-11。

表 6-11 平谷区镇罗营镇各生态系统服务关系（对角线为各服务供给水平）

服务类型	食物供给	水源涵养	水质调节	空气净化	碳存储	土壤保持	土壤质量调节	休闲游憩	生物多样性
食物供给	低	权衡	双输	权衡	权衡	权衡	权衡	双输	权衡
水源涵养	权衡	高	权衡	协同	协同	协同	协同	权衡	协同
水质调节	双输	权衡	低	权衡	权衡	权衡	权衡	双输	权衡
空气净化	权衡	协同	权衡	高	协同	协同	协同	权衡	协同
碳存储	权衡	协同	权衡	协同	高	协同	协同	权衡	协同
土壤保持	权衡	协同	权衡	协同	协同	高	协同	权衡	协同
土壤质量调节	权衡	协同	权衡	协同	协同	协同	高	权衡	协同
休闲游憩	双输	权衡	双输	权衡	权衡	权衡	权衡	低	权衡
生物多样性	权衡	协同	权衡	协同	协同	协同	协同	权衡	高

6.2.5.4 密云区北庄镇

北庄镇位于密云区东部，地处黄松峪-锥峰山生物多样性分布中心，距离城区较远，人为干扰较少，生境质量加高。总体来看，北庄镇有 6 项生态系统服务的供给在研究区较高，1 项为中等，两项较低。在 36 对关系中，有 12 对为权衡关系、15 对为协同关系，1 对为双输关系，8 对表现为无关。北庄镇位置偏远，缺乏自然景点，水质调节和休闲游憩供给较低，相互表现为双输，与其他服务表现为权衡。食物供给服务中等，与其他服务表现为无关。除此之外，北庄镇降雨较多，生境质量高，其他服务供给均较高，相关表现为协同关系。综上，北庄镇主导关系为协同关系，但同时也表现出强烈的权衡关系。密云区北庄镇各生态系统服务关系见表6-12。

表6-12 密云区北庄镇各生态系统服务关系（对角线为各服务供给水平）

服务类型	食物供给	水源涵养	水质调节	空气净化	碳存储	土壤保持	土壤质量调节	休闲游憩	生物多样性
食物供给	中等	无关	无关	无关	无关	无关	无关	无关	无关
水源涵养	无关	高	权衡	协同	协同	协同	协同	权衡	协同
水质调节	无关	权衡	低	权衡	权衡	权衡	权衡	双输	权衡
空气净化	无关	协同	权衡	高	协同	协同	协同	权衡	协同
碳存储	无关	协同	权衡	协同	高	协同	协同	权衡	协同
土壤保持	无关	协同	权衡	协同	协同	高	协同	权衡	协同
土壤质量调节	无关	协同	权衡	协同	协同	协同	高	权衡	协同
休闲游憩	无关	权衡	双输	权衡	权衡	权衡	权衡	低	权衡
生物多样性	无关	协同	权衡	协同	协同	协同	协同	权衡	高

6.2.6 环境因子的局域影响

对于不同的空间位置，地理加权回归结果都给出不同的回归系数和拟合R^2值，直观展示了4类影响因子对生态系统服务影响的空间差异性。

地形因子总体对生态系统服务起着积极促进作用，回归系数仅在密云北部、昌平西部及房山零星地区为负值，占总面积的4%（239个网格）。整体来看，回归系数呈现出从山区到平原区逐渐增大的趋势，说明地形因子在平原地区的影响要更大一些，同等程度的地形因子变化会带来更多的生态系统服务变化，特别在密云南部及海淀、丰台等靠近城区的区域表现得更加明显。相应的地形因子的拟合R^2值也表现出类似的空间分布，总体R^2为0.68。在密云、平谷及海淀-昌平三个区域拟合R^2值相对较高，达0.6以上，在这些区域地形因子对生态系统服务总体方差的解释程度更高。

植被因子同样对生态系统服务起着积极作用，回归系数在密云与怀柔交界、昌平西部、门头沟与房山交界零星地区为负值，约占总面积的7%（494个网格），在其他区域均大于0；在平谷、房山、海淀等区域较高，同等程度的植被因子变化会带来更多的生态系统服务变化。植被因子的总体拟合R^2值最高，拟合效果最好，达0.86，整体上在靠近平原区的部分的解释程度要由于山区。

气象因子对生态系统服务的影响较为复杂，回归系数在约37%（2502个网格）的区域小于0，主要分布于密云和平谷交接区、密云中部、昌平及门头沟和房山的山区，在这些区域气象因子对生态系统服务趋向负面影响。在平谷南部、密云东北部、海淀、丰台及房山回归系数较高，气象因子对生态系统服务具有积极影响。气象因子的总体拟合 R^2 值为 0.40，拟合效果相对其他因子较差，仅在平谷、密云和房山部分区域在 0.4 以上，解释程度稍好。

不同于其他因子，社会经济因子对生态系统服务主要为负面作用，回归系数在约 93％（6294 个网格）的区域小于 0，随着系数的减小，同等程度的人类活动所带来的负面影响要更大，仅在密云、怀柔、延庆和房山部分地区大于 0。社会经济因子总体拟合 R^2 值为 0.62，在平谷和昌平部分地区在 0.6 以上，解释程度较高。各环境因子地理加权回归系数分布见图 6-29，地理加权回归 R^2 分布见图 6-30。

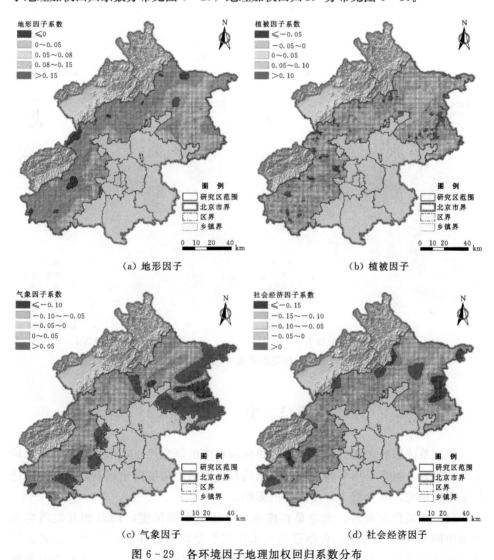

（a）地形因子　　　　　　　　　（b）植被因子

（c）气象因子　　　　　　　　　（d）社会经济因子

图 6-29　各环境因子地理加权回归系数分布

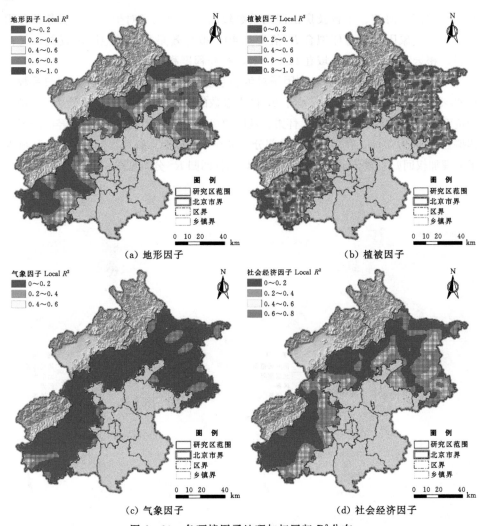

图 6-30　各环境因子地理加权回归 R^2 分布

6.3　小　结

　　生态系统服务之间的相互关系是目前领域中的研究热点，但往往集中于全局关系的研究。本章采用多种方法，从全局和局域两个角度对生态系统服务关系进行了系统研究，并分析了环境因子的影响。

　　（1）全局角度来看，无论是在栅格尺度还是乡镇尺度，EES 相互之间均表现为协同关系。HES 中，食物供给与水质调节受耕地分布影响较大，二者之间呈显著协同关系，但与其他服务一般呈权衡关系；休闲游憩和空气净化与其他服务间关系不明确或存在较弱关系。

（2）全局角度环境因子对生态系统服务的影响存在尺度效应。随着尺度的提升，环境因子的总体解释比率有所提高，在乡镇尺度，超过 70% 的空间变异可以被 8 个环境因子所解释。植被因子在栅格尺度影响相对较大，而地形因子在乡镇尺度的相对影响提升。值得一提的是，随着尺度的提升，环境因子对食物供给和休闲游憩的影响下降，对休闲游憩甚至无显著相关关系。此外，无论在栅格尺度还是乡镇尺度，土地开发指数都是影响最大的环境因子，说明人类的土地利用方式很大程度上决定了生态系统服务的供给和空间分布。

变差分解结果表明，除气象因子外，其他三组因子相互存在较高重复解释部分，表明三组因子在研究区的空间分布存在一致性。另外，随着尺度的增大，各组变量的解释率都有所增加，但重复解释率也随之增大，去除不能分解的重复解释部分外，社会经济因子和气象因子单独解释率有所增加，地形因子变化不大，而植被因子单独解释率有所下降。此外，社会经济因子在各个尺度都是影响生态系统服务最重要的因素，其与地形因子两组变量在两个尺度可以表示大部分的变差解释。

（3）不同尺度，生态系统服务关系在全局角度也表现出一定差别。据此，生态系统服务簇及其分区也存在差别，如栅格尺度食物供给和水质调节显著相关，可分为一簇，但在乡镇尺度相关性下降，其供给主体区域也有所差别，因此分别为一簇。而生物多样性则随着尺度的提升与 EES 的关系有所增强，一定程度上表明生物多样性对 EES 的支持可能更多表现在较大尺度。此外，栅格尺度各生态系统服务簇的影响因子相对较为明确，而随着尺度的提升，各组影响因子对各生态系统服务簇的交互影响也随之增大。据此，分别在乡镇尺度和栅格尺度对生态系统服务簇进行了识别，并相应进行分区。乡镇尺度的生态系统服务分区结果从较大尺度划分管理单元，生态系统服务供给特征总体一致，可为管理者规划编制和政策实施提供基本参考，而栅格单元的生态系统服务分区结果则更多服务于乡镇内部的精细化管理。

（4）局域角度来看，越靠近人类活动较多的平原地区，权衡和双输关系越强烈，需要特别关注；而山区人为干扰少、植被条件好的区域则协同关系强烈。所识别各供给单元的主导关系也反映了这一点，权衡关系和双输关系为主导关系的供给单元往往相伴分布于过渡区靠近平原区一侧，需要更精细的管理，提高生态系统服务的供给。协同关系为主导关系的供给单元主要分布于山区。

无论是栅格或乡镇尺度，不同主导类型的生态系统服务之间更易表现为权衡关系，而相同类型的生态系统服务之间更多表现为协同或双输关系。因此，生态系统服务关系的空间异质性与各生态系统服务的形成过程和主导因素有关。总体来看，权衡关系及其强度很大程度上取决于 HES，特别是食物供给或水质调节的供给，其供给较高或较低的供给单元生态系统服务之间容易表现为权衡关系。而协同或双输的强度主要取决于 EES 的供给，该类服务供给较高的供给单元容易发生协同，主要分布于靠近山区的区域；而供给较低的供给单元则容易发生双输，主要位于靠近平原区的区域。

（5）局域角度来看，生态系统服务关系表现出明显的空间异质性，通过典型案例分析发现，同一对生态系统服务在不同区域可表现出不同的关系，而同一区域也可同时表现为较强烈的权衡关系和协同关系。但需要指出的是，由于所采用的评估方法是间接方式评估，并不能揭示其关系的内在机制，因此，一对生态系统服务的关系表现为权衡或协同关系不一定具备因果关系，需要进一步深入研究。

（6）环境因子在局域角度对生态系统服务的影响也表现出空间异质性，总体来看，地形因子和植被因子的回归系数在大多供给单元为正数，对生态系统服务的影响倾向于积极促进作用；社会经济因子的回归系数在大多供给单元为负数，对生态系统服务倾向于负面影响；气象因子介于二者之间，近 40％ 的区域回归系数为负数，另 60％ 的区域为正数，表现出明显的差异。因此，在分析环境因子对某一区域生态系统服务影响时，要充分考虑到其内部环境的差异性，避免一概而论。

第7章 生态系统服务及其关系的梯度效应

北京湾位于太行山、燕山向华北平原的过渡地带，是典型的山地平原过渡带，生态过程通常具有显著的梯度变化；同时该区域也是乡村-城市过渡带，人类活动干扰强烈，利益相关者复杂。开展生态系统服务梯度效应研究可为区域生态系统服务优化供给、生态系统管理与保护及国土空间优化提供决策依据。

本章以栅格为研究单元，探索不同生态系统服务及其关系随不同环境因子的梯度效应，客观识别生态系统服务及其关系的突变点，对于满足不同利益相关者需求、优化国土空间布局、促进生态系统服务利益最大化、保障首都生态安全具有重要意义。

7.1 研 究 方 法

基于栅格尺度，从 6.1.2 中随机选取的 678 个栅格（总栅格数的 10%）作为分析样本，以避免空间自相关性（Castillo‐Eguskitza et al.，2018；Santos‐Martín et al.，2019）。分别选择海拔、植被覆盖度、降雨和土地开发指数代表地形、植被、气象和社会经济因子用于分析生态系统服务及其关系的梯度效应。由于梯度效应的复杂性，生态系统服务及其关系与环境因子之间并非简单的线性关系，采用非参数方法更为灵活，有助于揭示可能被遗漏的结构。此处采用双变量散点图叠加局部加权回归（LOESS）的数据平滑方法对其梯度效应做初步判断，同时识别各服务随地形因子变化的突变点，将其中改变趋势的突变点作为关键突变点，发生逆转的突变点为临界突变点，继而分析生态系统服务及其关系变化的梯度性，并对其趋势进行显著性检验。局部加权回归及图形绘制采用 R 语言 ggplot2 包；突变点识别采用 R 语言的 IDetect 包，该方法可识别一组连续变量中突变点的数量和位置，其原理和计算方法详见 Anastasiou 等（2019）的研究；趋势性检验基于 M‐K 非参数检验，采用 R 语言 trend 包。

7.2 生态系统服务的梯度效应

7.2.1 海拔梯度

食物供给服务与耕地密切相关，总体随海拔梯度的升高而降低，共识别得到两个突变点，分别是海拔 144m 和 354m。当海拔在 144m 以下时，食物供给服务随海拔呈线性下降，且趋势性显著（$p < 0.05$）；海拔在 $144\sim354$m 时下降趋势变缓，趋势性同样显著（$p < 0.05$），因此海拔 144m 仅表明下降速率放缓，但不影响下降趋势；海拔在 354m 以上时，食物供给服务无明显趋势（$p > 0.05$）。

水源涵养服务与降雨、蒸散、地形和植被等多种因子相关，随海拔梯度的上升呈先增加后下降的趋势，突变点为 283m。海拔在 283m 以下时，水源涵养服务随海拔升高呈显著增加趋势（$p < 0.05$）；283m 以上时发生逆转，呈显著下降趋势（$p < 0.05$）。

水质调节服务与污染物产生量和土地覆被情况相关，总体趋势与食物供给服务相似，总体随海拔梯度的升高呈下降趋势，识别得到 1 个突变点为海拔 322m。海拔在 322m 以下时，水质调节服务随海拔梯度呈显著下降趋势（$p < 0.05$），海拔 322m 以上时无明显趋势（$p > 0.05$）。

空气净化服务与污染物浓度和植被状况密切相关，如前所述，空气净化服务在空间分布上呈现靠近平原区和山区较低，而在中间区域较高的独特格局。因此，空气净化服务随海拔梯度的上升呈先增加后下降的趋势，识别得到 1 个突变点为海拔 213m。在海拔 213m 以下时随海拔梯度的提升呈显著增加趋势（$p < 0.05$）；而海拔 213m 以上时空气净化服务的供给发生逆转，随海拔的提升呈显著下降趋势（$p < 0.05$）。

碳存储服务主要与植被状况相关，总体随海拔梯度的上升而增加，突变点为 377m。在海拔 377m 以下呈显著增加趋势（$p < 0.05$），在 377m 以上则趋势不明显（$p > 0.05$）。

土壤保持服务与降雨、土壤、地形和植被覆盖等多种因子相关，总体随海拔梯度的上升而增加，识别得到两个突变点，分别为海拔 377m 和 522m。在海拔 377m 以下时呈显著增加趋势（$p < 0.05$），在 $377\sim522$m 之间趋势不明显（$p > 0.05$），在 522m 以上呈显著下降趋势（$p < 0.05$）。

土壤质量调节服务与土壤碳含量相关，总体随海拔的升高而增加，识别突变点为海拔 338m，但并不改变变化趋势。土壤质量调节在两个海拔区间均呈显著增加趋势（$p < 0.05$），在海拔 338m 以上增加速率趋势较 338m 以下时要低。

休闲游憩服务与自然景点的分布密切相关，也同人类的选择偏好有关，带有一定主观性，因此，休闲游憩服务随海拔梯度无明显变化趋势（$p > 0.05$），也未检测到突变点，未呈现出明显梯度效应。

生物多样性与生境质量密切相关，总体随海拔梯度的上升而提高，共识别得到两个突变点为 316m 和 381m。结合 LOESS 曲线可判断当海拔在 316m 以下时，生物多样性随海拔呈线性提高，且趋势性显著（$p < 0.05$）；316m 以上时提高幅度变缓，趋势性同样显著（$p < 0.05$）。因此 316m 仅影响升高速率，而不影响趋势

性。当海拔在 381m 以上时，生物多样性随海拔梯度无明显变化趋势（$p>0.05$）。生态系统服务的海拔梯度效应见图 7-1。

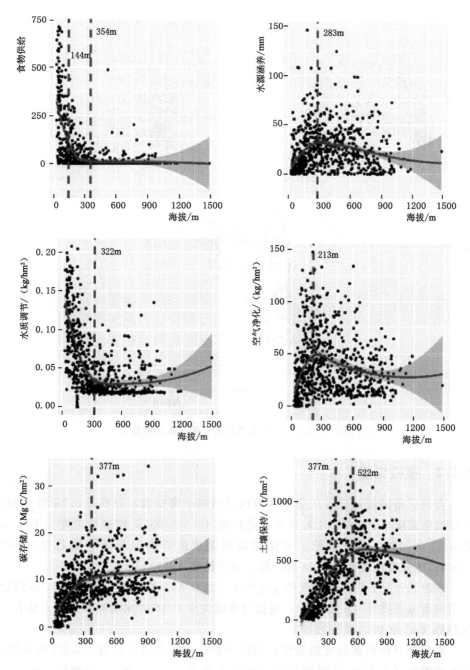

图 7-1（一）　生态系统服务的海拔梯度效应

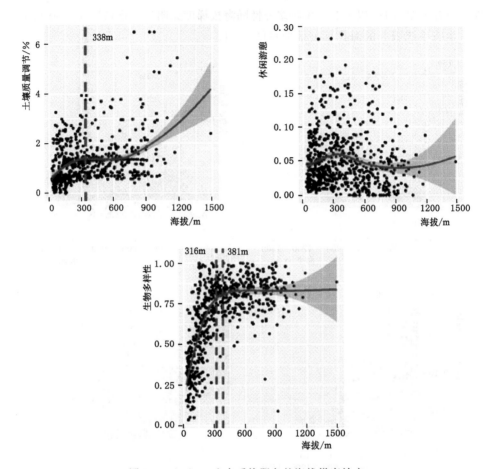

图 7-1（二）　生态系统服务的海拔梯度效应

7.2.2　植被梯度

　　食物供给随植被梯度的变化共识别得到两个突变点，分别是 0.28 和 0.54。在植被覆盖度小于 0.28 时无显著变化趋势（$p > 0.05$）；植被覆盖度介于 0.28 和 0.54 之间时，食物供给服务随植被覆盖度的升高呈显著下降趋势（$p < 0.05$）；植被覆盖度大于 0.54 时同样无显著趋势（$p > 0.05$）。

　　水源涵养服务随植被梯度的变化突变点为 0.46。植被覆盖度小于 0.46 时随其增加而显著提升（$p < 0.05$）；植被覆盖度大于 0.46 时水源涵养服务无显著变化趋势（$p > 0.05$）。

　　水质调节随植被梯度的变化共识别得到两个突变点，分别是 0.25 和 0.53。在植被覆盖度小于 0.25 时随其增加而显著提升（$p < 0.05$）；植被覆盖度介于

0.25 和 0.53 之间时，随植被覆盖度的升高呈显著下降趋势（$p<0.05$）；植被覆盖度大于 0.53 时水质调节趋于稳定，无显著变化趋势（$p>0.05$）。

空气净化随植被梯度的变化突变点为 0.47。植被覆盖度小于 0.47 时随其增加而显著提升（$p<0.05$）；植被覆盖度大于 0.47 时空气净化服务无显著变化趋势（$p>0.05$）。

碳存储随植被梯度的变化共识别得到两个突变点，分别是 0.37 和 0.55。但该两个突变点并不改变变化趋势，随植被覆盖度的增加始终呈显著提升趋势（$p<0.05$），仅当植被覆盖度介于 0.37 和 0.55 之间时，碳存储的提升幅度较低。

土壤保持随植被梯度的变化未识别得到突变点。经检验，土壤保持随植被覆盖度的增加总体呈显著提升趋势（$p<0.05$）。

土壤质量调节随植被梯度的变化突变点为 0.45。植被覆盖度小于 0.45 时随其增加而显著提升（$p<0.05$）；植被覆盖度大于 0.45 时土壤质量调节无显著变化趋势（$p>0.05$）。

休闲游憩随植被梯度无明显变化趋势（$p>0.05$），也未检测到突变点，说明休闲游憩随植被覆盖度变化无明显梯度效应。

生物多样性随植被梯度的变化共识别得到两个突变点，分别是 0.18 和 0.56。在植被覆盖度小于 0.18 时无显著变化趋势（$p>0.05$）；植被覆盖度介于 0.18 和 0.56 之间时，随植被覆盖度的升高呈显著提高趋势（$p<0.05$）；植被覆盖度大于 0.56 时生境质量趋于稳定，无显著变化趋势（$p>0.05$）。

生态系统服务的植被梯度效应见图 7-2。

7.2.3 降雨梯度

食物供给随降雨梯度的变化识别得到 1 个突变点，为 559mm，总体随降雨呈先增加后降低的趋势。当年降雨量小于 559mm 时，食物供给呈显著增加趋势（$p<0.05$）；当降雨量大于 559mm 时，食物供给呈显著下降趋势（$p<0.05$）。

水源涵养服务随降雨梯度的变化突变点为 584mm。但该突变点并不改变变化趋势，水源涵养在两个降雨区间均呈显著增加趋势（$p<0.05$），在 584mm 以上时增加速率提高。

水质调节随降雨梯度的变化突变点同样为 584mm，在降雨量小于 584mm 时随其增加而显著提升（$p<0.05$）；降雨量大于 584mm 时无显著变化趋势（$p>0.05$）。

空气净化随降雨梯度的变化共识别得到两个突变点，分别是 572mm 和 625mm。降雨量小于 572mm 时，空气净化随其增加而显著下降（$p<0.05$）；降雨量介于 572mm 和 625mm 时，空气净化随其增加而显著增加（$p<0.05$）；降雨量大于 625mm 时，空气净化随其增加又显著下降（$p<0.05$）。

碳存储随降雨梯度的变化共识别得到两个突变点，分别是 582mm 和 626mm。

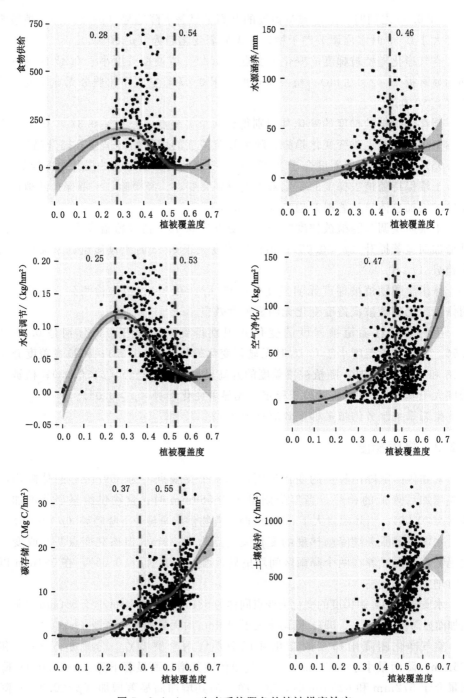

图 7 - 2（一） 生态系统服务的植被梯度效应

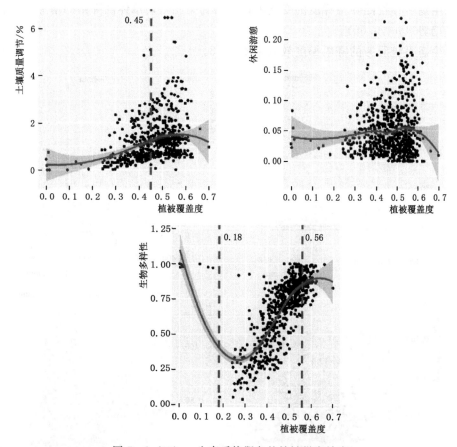

图 7-2（二）　生态系统服务的植被梯度效应

整体变化趋势与空气净化类似，降雨量小于 582mm 时，碳存储随其增加而显著下降（$p<0.05$）；降雨量介于 582mm 和 626mm 时，碳存储随其增加而显著增加（$p<0.05$）；降雨量大于 626mm 时，碳存储随其增加又显著下降（$p<0.05$）。

土壤保持随降雨梯度的变化突变点为 590mm，总体随降雨量的增加呈先降低后增加的趋势，在降雨量为 590mm 以下呈显著降低趋势（$p<0.05$），590mm 以上呈显著增加趋势（$p<0.05$）。

土壤质量调节随降雨梯度无明显变化趋势（$p>0.05$），也未检测到突变点，说明土壤质量调节随降雨梯度变化未呈现明显梯度效应。

休闲游憩随降雨梯度的变化共识别得到两个突变点，分别是 553mm 和 633mm。降雨量小于 553mm 时，休闲游憩随其增加而显著增加（$p<0.05$）；降雨量介于 553mm 和 633mm 时，休闲游憩随其增加而显著下降（$p<0.05$）；降雨量大于 626mm 时，休闲游憩随其增加又显著增加（$p<0.05$）。

生物多样性随降雨梯度的变化未识别得到突变点，总体随降雨的增加呈显著下降趋势（$p < 0.05$）。

生态系统服务的降雨梯度效应见图7-3。

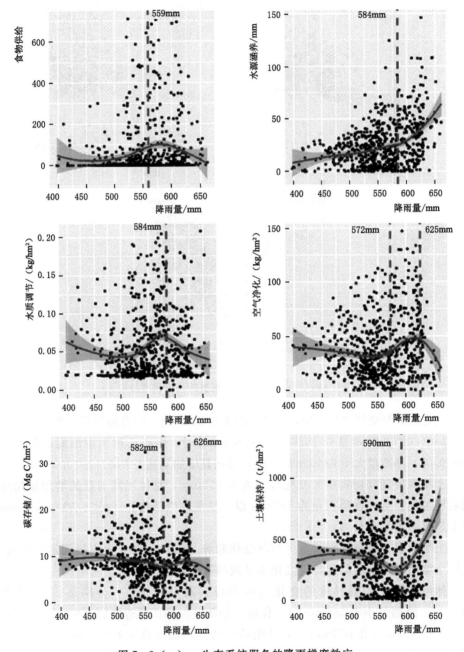

图7-3（一）　生态系统服务的降雨梯度效应

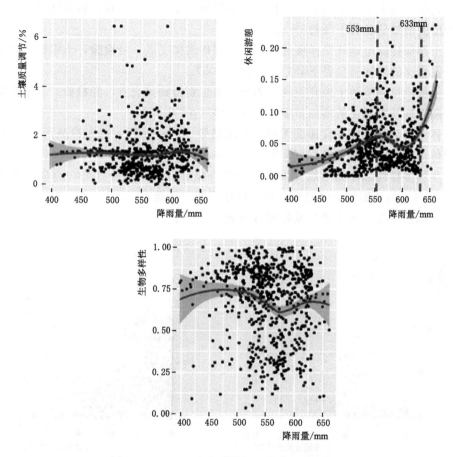

图 7-3（二）　生态系统服务的降雨梯度效应

7.2.4　土地开发梯度

食物供给总体随土地开发梯度的提高而增加，突变点为 25%，但不影响变化趋势，始终随土地利用开发程度的提高呈显著增加趋势（$p < 0.05$）；当土地开发程度大于 25% 后，增加速率逐渐放缓。

水源涵养随土地开发梯度的变化未识别得到突变点。经检验，水源涵养随土地开发程度的增加呈显著下降趋势（$p < 0.05$）。

水质调节随土地开发梯度的提高呈显著上升趋势（$p < 0.05$），突变点为 15%，但不影响上升趋势，上升速率有所增加。

空气净化总体随土地开发梯度的提高呈显著降低趋势（$p < 0.05$），突变点为 31%，但不影响下降趋势，仅下降速率有所降低。

　　碳存储随土地开发梯度的变化未识别得到突变点，经检验，碳存储随土地开发程度的增加呈显著下降趋势（$p < 0.05$）。

　　土壤保持随土地开发梯度的变化未识别得到突变点，经检验，土壤保持随土地开发程度的增加呈显著下降趋势（$p < 0.05$）。

　　土壤质量调节随土地开发梯度的变化未识别得到突变点，经检验，土壤质量调节随土地开发程度的增加呈显著下降趋势（$p < 0.05$）。

　　休闲游憩随土地开发梯度无明显变化趋势（$p > 0.05$），也未检测到突变点，说明休闲游憩随土地开发程度无明显梯度效应。

　　生物多样性总体随土地开发梯度的提高呈显著降低趋势（$p < 0.05$），突变点为 26%，但不影响下降趋势，仅下降速率有所降低。

　　生态系统服务的土地开发梯度效应见图 7-4。

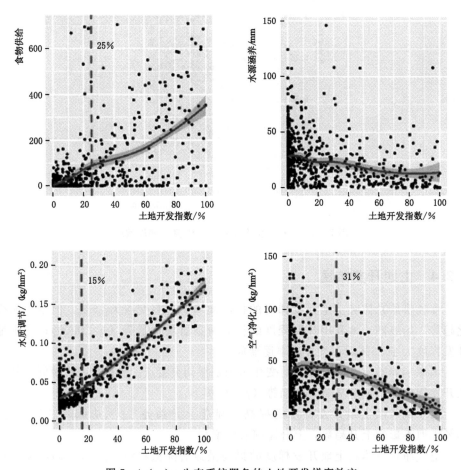

图 7-4（一）　生态系统服务的土地开发梯度效应

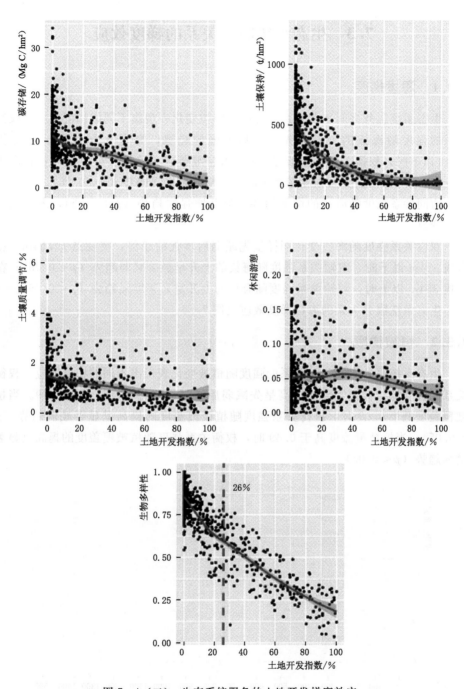

图7-4（二）　生态系统服务的土地开发梯度效应

7.3 生态系统服务关系的梯度效应

7.3.1 海拔梯度

生态系统服务之间三种关系的强度随海拔变化表现出不同的梯度效应。权衡关系的强度随海拔的上升呈先减弱后增强的趋势，突变点为235m。在海拔235m以下时，权衡关系强度随海拔的上升呈显著减弱趋势（$p<0.05$）；在海拔235m以上时，权衡关系强度随海拔的上升呈显著增强趋势（$p<0.05$）。

协同关系强度随海拔的增加始终呈显著增强的趋势（$p<0.05$），未识别得到突变点。

双输关系强度随海拔变化同样呈先减弱后增强的趋势，突变点为354m。在海拔354m以下时，双输关系强度随海拔的上升呈显著减弱趋势（$p<0.05$）；在海拔354m以上时，双输关系强度随海拔的上升呈显著增强趋势（$p<0.05$）。

生态系统服务关系的海拔梯度效应见图7-5。

7.3.2 植被梯度

生态系统服务之间三种关系的强度随植被变化表现出不同的梯度效应。权衡关系的强度随植被覆盖度的提高呈先减弱后增强的趋势，突变点为0.49。当植被覆盖度低于0.49时，权衡关系强度随植被覆盖度的提高呈显著减弱趋势（$p<0.05$）；当植被覆盖度高于0.49时，权衡关系强度随植被覆盖度的提高呈显著增强趋势（$p<0.05$）。

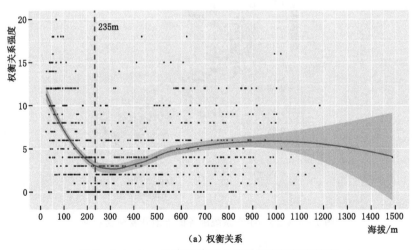

(a) 权衡关系

图7-5（一） 生态系统服务关系的海拔梯度效应

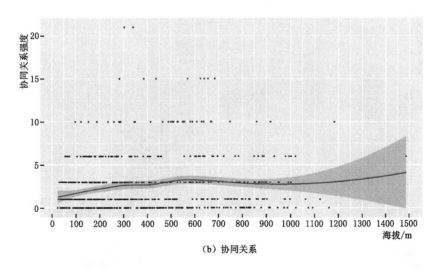

（b）协同关系

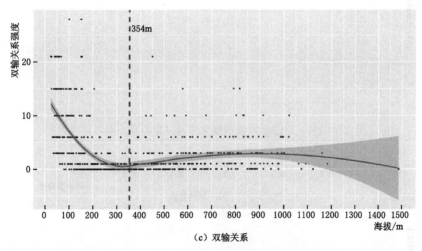

（c）双输关系

图 7-5（二）　生态系统服务关系的海拔梯度效应

协同关系强度随植被覆盖度的提高总体呈增强趋势，识别出 1 个突变点为 0.56，但该突变点未改变趋势，协同关系强度在两个植被覆盖度区间均呈显著增强趋势（$p<0.05$），当植被覆盖度在 0.56 以上时，增强的趋势更明显。

双输关系强度随植被覆盖度的变化识别到 1 个突变点，为 0.38。当植被覆盖度低于 0.38 时，未呈现出明显的趋势（$p>0.05$）；当植被覆盖度高于 0.38 时，双输关系强度随植被覆盖度的提高呈显著减弱趋势（$p<0.05$）。

生态系统服务关系的植被梯度效应见图 7-6。

119

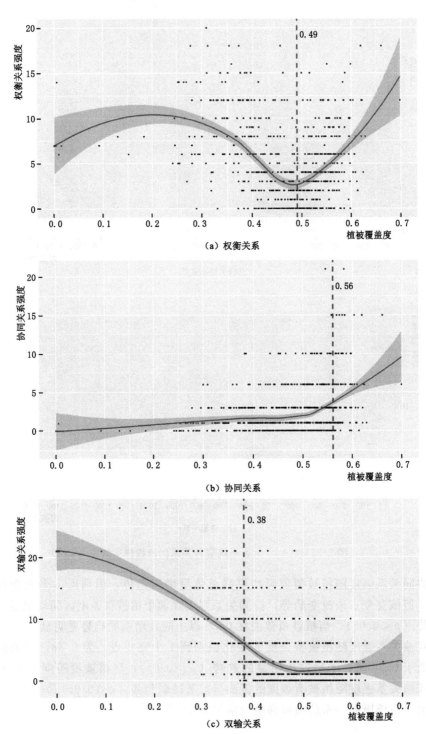

(a) 权衡关系

(b) 协同关系

(c) 双输关系

图 7-6 生态系统服务关系的植被梯度效应

7.3.3 降雨梯度

生态系统服务之间三种关系的强度随降雨量变化表现出不同的梯度效应。权衡关系的强度随降雨量的提高呈显著增强的趋势（$p<0.05$），未识别到突变点。

协同关系强度随降雨量的提高同样呈显著增强的趋势（$p<0.05$），未识别到突变点。

双输关系强度随降雨量的变化的突变点为 563mm，当降雨量低于 563mm时，双输关系强度随降雨量变化未呈现出明显的趋势（$p>0.05$）；当降雨量高于 563mm 时，双输关系强度随降雨量的提高呈显著减弱趋势（$p<0.05$）。

生态系统服务关系的降雨梯度效应见图 7-7。

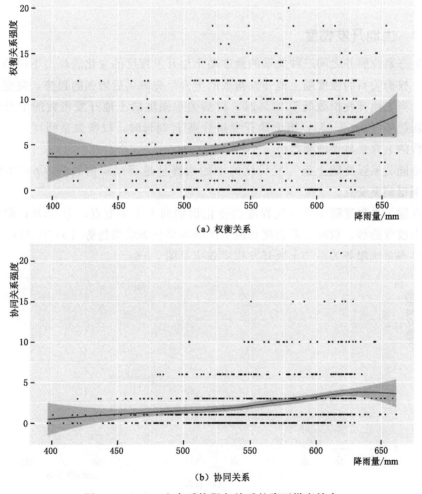

(a) 权衡关系

(b) 协同关系

图 7-7（一） 生态系统服务关系的降雨梯度效应

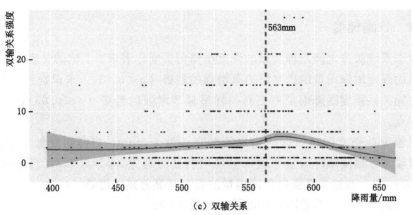

（c）双输关系

图 7-7（二）　生态系统服务关系的降雨梯度效应

7.3.4　土地开发梯度

生态系统服务之间三种关系的强度随土地开发程度的变化表现出不同的梯度效应。权衡关系的强度随土地开发指数的上升呈先减弱后增强的趋势，突变点为24％。当土地开发指数低于24％时，权衡关系强度随土地开发指数的上升呈显著减弱趋势（$p<0.05$）；当土地开发指数高于24％时，权衡关系强度随土地开发指数的上升呈显著增强趋势（$p<0.05$）。

协同关系强度随土地开发程度的增加始终呈显著减弱的趋势（$p<0.05$），未识别得到突变点。

双输关系强度随土地开发程度的变化识别到1个突变点，为55％，但该突变点未改变趋势，双输关系强度在两个区间均呈显著增强趋势（$p<0.05$）。

生态系统服务关系的土地开发梯度效应见图7-8。

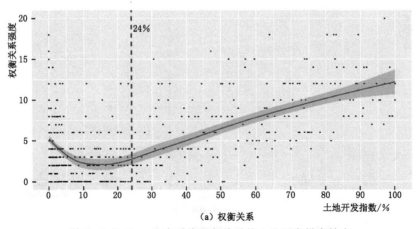

（a）权衡关系

图 7-8（一）　生态系统服务关系的土地开发梯度效应

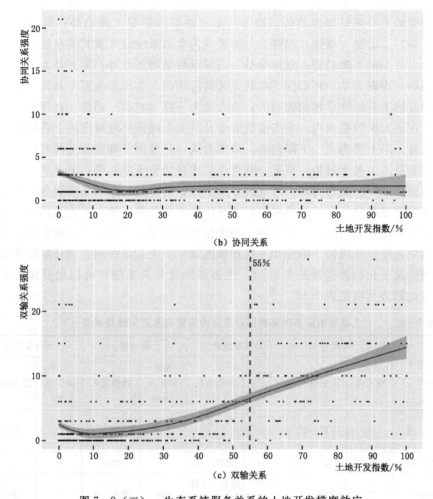

图 7-8（二）　生态系统服务关系的土地开发梯度效应

7.4　小　　结

本章以公里网格为研究单元，分析各生态系统服务及其关系随典型环境因子的梯度效应，识别了改变趋势的关键突变点和趋势发生逆转的临界突变点。总体来看，趋势变化类型总体可以归结为九类，第一类为下降（减弱）—无趋势，主要表现为生态系统服务及其关系随某一环境梯度的上升而下降，最终降低至稳定值后趋势不明显；第二类为增加（增强）—无趋势，主要表现为生态系统服务及其关系随某一环境梯度的上升而增加，最终增加至稳定值后趋势不明显；第三类为增加（增强）—下降（减弱）趋势，主要表现为生态系统服务及其关系随某一环境梯度的上升先呈增加趋势，增加至某一临界点后呈下降趋势；第四类为下降（减弱）—增加（增强）趋势，主要表现为生态系统服务及其关系随某一环境梯度的上升先呈下降趋势，增加至某一临界点后呈增加趋势；第五类为增加（增强）趋势，表现为某一环境因子在研究区的范围内，生态系统服务及其关系随该环境梯度的上升始终呈增加的趋势；第六类为下降（减弱）趋势，表现为某一环境因子在研究区的范围内，生态系统服务及其关系随该环境梯度的上升始终呈下降的趋势；第七类为无—下降趋势，表现为某一环境因子梯度较低的时候，生态系统服务及其关系无趋势，至某一临界点后才开始呈下降趋势；第八类为无—增加（增强）趋势，表现为某一环境因子梯度较低的时候，生态系统服务及其关系未表现出明显趋势，至某一临界点后才开始呈增加趋势；第九类为无趋势，即生态系统服务及其关系随某一环境因子的变化始终无明显变化趋势，即生态系统服务及其关系随该环境因子的变化不呈现梯度效应。生态系统服务随环境梯度变化的突变点及变化趋势类型见表7-1，生态系统服务关系随环境梯度变化的突变点及变化趋势类型见表7-2。

表7-1　　　生态系统服务随环境梯度变化的突变点及变化趋势类型

生态系统服务	海拔		植被覆盖度		降雨量		土地开发指数	
	关键突变点/m	趋势变化	关键突变点	趋势变化	关键突变点/mm	趋势变化	关键突变点/%	趋势变化
食物供给	354	下降—无	0.28	无—下降	559	增加—下降	—	增加
			0.54	下降—无				
水源涵养	283	增加—下降	0.46	增加—无	—	增加		下降
水质调节	322	下降—无	0.25	增加—下降	584	增加—无		增加
			0.53	下降—无				
空气净化	213	增加—下降	0.47	增加—无	572	下降—增加		下降
					625	增加—下降		
碳存储	377	增加—无	—	增加	582	下降—增加		下降
					626	增加—下降		
土壤保持	377	增加—无	—	增加	590	下降—增加		下降
	522	无—下降						
土壤质量调节	—	增加	0.45	增加—无	—	无		下降
休闲游憩	—	无		无	553	增加—下降		无
					633	下降—增加		

续表

生态系统服务	海拔		植被覆盖度		降雨量		土地开发指数	
	关键突变点/m	趋势变化	关键突变点	趋势变化	关键突变点/mm	趋势变化	关键突变点/%	趋势变化
生物多样性	381	增加—无	0.18	无—增加	—	下降	—	下降
			0.56	增加—无				

注 "—"表示未识别到关键突变点。

表7-2 生态系统服务关系随环境梯度变化的突变点及变化趋势类型

生态系统服务关系	海拔		植被覆盖度		降雨量		土地开发程度	
	关键突变点/mm	趋势变化	关键突变点	趋势变化	关键突变点/mm	趋势变化	关键突变点/%	趋势变化
权衡	235	减弱—增强	0.49	减弱—增强	—	增强	24	减弱—增强
协同	—	增强		增强		增强	—	减弱
双输	354	减弱—增强	0.38	无—下降	563	无—减弱		增强

注 "—"表示未识别到关键突变点。

（1）海拔梯度方面，各生态系统服务的关键突变点均位于300m左右，休闲游憩和土壤质量调节无关键突变点。空气净化和水源涵养具有临界突变点，分别为海拔213m和海拔283m，超过临界突变点后，由增加趋势转为下降趋势。各服务的趋势变化总体可以分为五类，第一类为下降—无趋势，包括食物供给和水质调节，随着海拔的增加，耕地面积也逐渐减少，这两类服务的供给呈下降趋势，超过海拔300m以上后，耕地已呈零星分布，因此无明显趋势；第二类为增加—无趋势，包括生物多样性和碳存储，这两类服务存在明显协同关系，变化趋势较为一致，在380m以下时随海拔增加，人为干扰越来越少，生境质量逐渐提高，两类服务呈显著增加趋势，超过关键突变点、增加到一定程度以后，海拔因子已不是主要影响因素，不在呈现明显趋势；第三类为增加—下降趋势，包括空气净化、水源涵养和土壤保持，以空气净化最为典型，在前文已有所述及；第四类为增加趋势，为土壤质量调节；第五类为无趋势，包括休闲游憩，海拔不是该服务的主要影响因子。

权衡关系和双输关系强度随海拔梯度的增加呈近U形变化，在临界突变点前逐渐减弱，超过临界突变点后逐渐增强。协同关系强度随海拔梯度的变化无关键突变点，随海拔增加始终呈增强趋势。这与前文生态系统关系研究相一致，权衡关系和双输关系为主导关系的供给单元往往相伴分布于海拔较低的平原地区，这些地区往往HES供给较高，而EES供给较低，形成强烈的权衡关系（HES -

EES 之间）或双输关系（EES 之间），随着海拔的增加，二者强度也有所降低，在越过临界突变点后，HES 供给减弱，EES 供给逐渐增大，权衡关系（HES - EES 之间）和双输关系（HES 之间）又有所增强。而协同关系为主导关系的供给单元主要分布于山区，因此随海拔的增加始终呈增强趋势。

（2）植被梯度方面，关键突变点多位于 0.5 左右，碳存储、土壤保持和休闲游憩无关键突变点。仅水质调节服务具临界突变点，在植被覆盖度为 0.25 左右时变化趋势发生逆转，由增加趋势变为下降趋势。趋势变化可以分为七类，第一类为无—下降趋势，为食物供给服务在植被覆盖度在 0.54 以下时的趋势变化，在 0.28 以下时无明显趋势，介于 0.28～0.54 时，随着植被覆盖度的增加，耕地逐渐减少，森林增多，食物供给服务转变为下降趋势。第二类为无—增加趋势，为生物多样性在植被覆盖度在 0.56 以下时的趋势变化，在 0.18 以下时无明显趋势，介于 0.18～0.56 时，随着植被覆盖度的增加，生境质量也逐渐提高，生物多样性也转为增加趋势。第三类变化为下降—无趋势，包括食物供给在植被覆盖度在 0.28 以上时的趋势变化和水质调节服务在植被覆盖度在 0.25 以上时的趋势变化，这两类服务变化具有较强的一致性，当植被覆盖度增加到一定程度后，不再成为主要影响影子，两类服务的趋势变化也逐渐变弱。第四类为增加—无，为生物多样性在植被覆盖度在 0.18 以上时的趋势变化，另外还包括空气净化、水源涵养和土壤质量调节，从这几类生态系统服务产生的过程来看，植被覆盖度是主要影响因子，随着植被覆盖度的增加，其供给也随之增加，但超过一定阈值后，其他因子的影响增大，如空气净化还同时受空气污染物排放影响，水源涵养受气象因子影响，而植被覆盖度的影响减弱，这几类生态系统服务随之表现为无明显趋势。第五类为增加—下降趋势，为水质调节在 0.53 以下时的趋势变化，当植被覆盖度小于 0.25 时，植被覆盖度对水质调节起正向促进作用，当植被覆盖度介于 0.25～0.53 时，随着植被覆盖度的增加，污染物的负荷也逐渐下降，导致水质调节服务的变化趋势也随之发生逆转。第六类为增加趋势，包括土壤保持和碳存储，与植被覆盖度始终密切相关，随着植被覆盖度增加而增加。第七类为无趋势，包括休闲游憩，植被覆盖度同样不是该服务的主要影响因子。

权衡关系随植被梯度的增加同海拔梯度类似，呈近 U 形变化，在临界突变点前逐渐减弱，超过临界突变点后逐渐增强。协同关系强度随植被梯度始终呈增强趋势。双输关系在植被覆盖度 0.38 以下是无明显变化趋势，当植被覆盖度大于 0.38 后呈明显下降趋势。植被覆盖度与海拔两个因子在研究区的空间分布具有相当的一致性，在权衡关系和协同关系的趋势性上，二者也表现出相似性，原因不再赘述。而双输关系略有不同，以 0.38 为关键突变点，植被覆盖度低于 0.38 时，植被覆盖度对双输关系影响不大，而高于 0.38 时，各项生态系统服务总体趋向于增加，双输关系呈下降趋势。植被覆盖度相较海拔而言，对总体生态系统服务的影响更趋向于正向，各项因子与生态系统服务的 RDA 分析结果也表明了这一点。

（3）降雨梯度方面，关键突变点多位于 580mm 左右，水源涵养、土壤质量调节和生物多样性无关键突变点。食物供给、空气净化、碳存储、土壤保持及休闲游憩等多种服务都具有发生逆转的临界突变点。趋势变化可以分为六类，第一类为增加—下降趋势，包括食物供给、572mm 以上的空气净化、582mm 以上的碳存储和 633mm 以下的休闲游憩，随着降雨量的增加，超过临界点后，供给由增加趋势转为下降趋势。第二类为增加趋势，为水源涵养。降雨是影响水源涵养的主要因子，随着降雨量的增加，水源涵养的供给也始终呈增加趋势。第三类为增加—无趋势，包括水质调节，当降雨量低于 584mm 时，水质调节随降雨量的增加而增加，超过 584mm 后，降雨量的影响不再明显，水质调节未表现出明显梯度。第四类为下降—增加趋势，包括 625mm 以下的空气净化、626mm 以下的碳存储、553mm 以上的休闲游憩及土壤保持，与第一类趋势相反，随着降雨量的增加，超过临界点后，供给由下降趋势转为增加趋势。第五类为下降趋势，为生物多样性，但结合 LOESS 曲线图来看，降雨量对研究区内生物多样性的影响较为复杂，需结合更多信息进一步分析讨论。第六类为无趋势，包括土壤质量调节，表明在研究区内，降雨量对该服务影响不大。

权衡关系和协同关系随降雨梯度的增加呈增强趋势，而双输关系在突变点前无明显变化，之后呈减弱趋势。从前述研究结果可知，降雨量的分布与其他三个因子不同，与其他因子存在交互作用，共同影响生态系统服务的供给，但除水源涵养等少数服务外，总体解释程度较低，影响相对较弱。因此研究降雨对生态系统服务及其关系的影响，应针对特定地区的特定服务来开展。

（4）土地开发梯度方面，所有服务都未识别到关键突变点，因此，其趋势变化类型较为简单，仅包括三类。第一类为增加趋势，包括食物供给和水质调节；第二类为下降趋势，包括生物多样性、空气净化、土壤保持、碳存储、水源涵养和土壤质量调节；第三类为无趋势，包括休闲游憩。

同海拔与植被覆盖度类似，权衡关系随土地开发梯度也呈现近 U 形分布。只是发生权衡关系的服务供给程度与前两者相反，在土地开发指数较低时，HES 供给较弱，而 EES 较强，土地开发指数较高时相反。协同关系随土地开发指数的增加始终呈显著减弱趋势，而双输关系则呈显著增强趋势，表明土地开发指数总体对生态系统服务的影响趋向于负面。

总体来说，除休闲游憩服务梯度效应较弱外，其他服务均随环境因子的变化表现出一定的梯度效应。因此，在该区域进行相关规划、生态保护和开发建设活动时尤其要注意几个环境因子的临界突变点，避免生态系统服务的供给或其关系发生逆转，影响区域的可持续发展。

第8章　生态系统服务偏好调查分析

针对同一地区来说，不同利益相关者所关注的生态系统服务往往不尽相同，因此，制定政策时要全面充分考虑各方诉求，促进各方利益最大化。本章针对不同利益相关者，对其生态系统服务偏好开展问卷调查，分析不同人群所关注生态系统服务的差异，为相关决策提供依据。

基于生态系统服务偏好，面向远郊区，同时兼顾城六区开展问卷调查，共设计21道生态系统服务相关问题，其中13道针对受访者对生态系统服务的熟悉程度及生态系统服务的偏好，8道针对受访者的性别、教育程度等背景信息。本次问卷基于问卷星平台，采用线上有偿方式开展调查。

8.1　总　体　概　况

8.1.1　受访者背景信息

本次调查共回收有效问卷486份，其中男性受访者229人，女性受访者257人，男女受访比例为1∶1.12。年龄构成方面，受访者总体以青年人群为主，超过一半人年龄为30~45岁；其次为19~29岁，约1/4；46~59岁中年人群占17%；60岁以上为5%，18岁以下最少，不足1%。受访者总体受教育程度较好，受过本科或大专教育的受访者占到约3/4，硕士占11%，中学占8%，博士占6%，小学及以下不足1%。家庭收入方面，近一半的受访者家庭年收入在10万元以下，37%的受访者家庭年收入介于10万~20万元，家庭年收入在20万元以上的受访者不足15%。人员构成方面，决策者、当地村民和企业、各级公务员、非政府组织（NGO）人员和科研人员等不同身份的利益相关者都有所覆盖，以公务员和当地村民为主，分别占1/4和约1/5，科研人员和当地企业人员各占11%，保护区工作人员占8%，NGO人员约3%，其他类型约1/4，主要为各类企事业员工、教师、私营业主等。受访者背景信息见图8-1。

本次调查人群覆盖了北京市16个区200个乡镇/街道，郊区受访者占72%，城六区受访者占28%，基本符合调查目标人群。其中怀柔区和门头沟区受访者都超过了100人，通州区、大兴区和顺义区等平原地区与研究区关系较小，受访者在10人以下。受访者在各区的人数分布见图8-2。

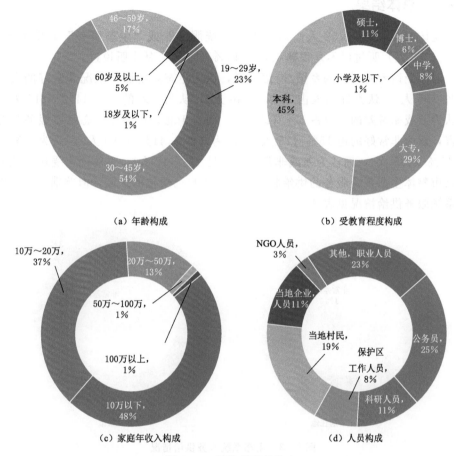

（a）年龄构成 　　　　　　　　　（b）受教育程度构成

（c）家庭年收入构成 　　　　　　　（d）人员构成

图 8-1　受访者背景信息

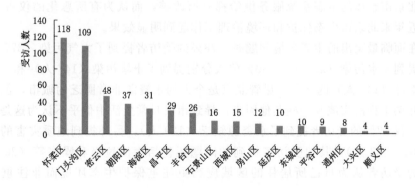

图 8-2　受访者在各区的人数分布

8.1.2 总体结果

受访者中31%（152人）对"生态系统服务"或"生态服务"非常熟悉，56%（273人）听过但不是很熟悉，仅13%（61人）从未听说过。

对于受访者所居住的乡镇/街道来说，认为生态系统服务状况非常好的人占20%（96人），认为好的人占30%（146人），认为一般的人占44%（215人），而认为差或非常差的人仅占6%（29人）。而对于北京市整体生态系统服务状况而言，认为非常好的占15%（75人），认为好的占41%（199人），认为一般的占40%（195人），而认为差或非常差的不足4%（17人）。总体而言受访者认为北京市整体生态系统服务的供给状况要略好于自己居住的区域，但差别不大。生态系统服务供给情况见表8-3。

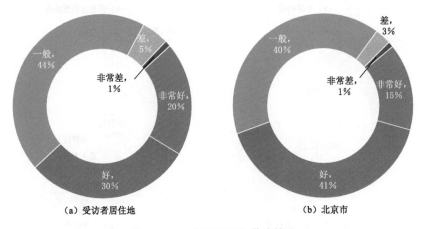

(a) 受访者居住地　　　　　　　　　　　　　(b) 北京市

图8-3 生态系统服务供给情况

对于近年来的变化趋势而言，超过六成的受访者认为无论是自己居住的区域还是北京市整体的生态系统服务供给都有所改善，而认为有所恶化的仅占5%，说明近年来北京市生态保护和环境治理工作起到明显效果。

在面临最突出的生态环境问题时，78%的受访者提到了大气污染（377人），45%提到了水污染（221人），30%的人分别提到了土壤污染（147人）和生物多样性下降（142人）的问题。尽管北京是个人均水资源非常匮乏的城市，但由于南水北调工程的实施及一些其他因素，导致市民日常生活中似乎不认为这是个大问题，仅27%的受访者提到了水资源缺乏（129人），另外提到地质灾害的人也仅有8%（37人），其他受访者提到的问题还包括生活垃圾和噪声等（20人）。80%的受访者认为自己所居住的区域应当更注重保护生态环境而非注重经济发展。

生态环境问题调查结果见图8-4。

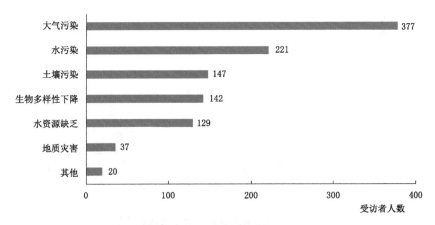

图8-4 生态环境问题调查结果

在对生态系统服务的重要性认知方面，认为对于自己居住地最重要的前三项为空气净化、休闲游憩和水质调节；而对北京市来说，最重要的前三位空气净化、水质调节和水源涵养。除空气净化和水质调节外，受访者认为居住地附近休闲游憩服务更重要，而北京市则为水源涵养。生态系统服务重要性调查结果见图8-5。

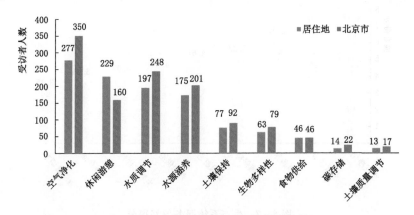

图8-5 生态系统服务重要性调查结果

在需要增加的生态系统服务类型选择方面，认为居住地应当增加的服务为空气净化、水质调节和休闲游憩，认为北京市最需要增加的服务为空气净化、水质调节和水源涵养。除空气净化和水质调节外，受访者认为居住地附近更应增加休闲游憩服务的供给，而北京市为水源涵养。这与生态系统服务的重要性和需求性调查前三项基本一致。生态系统服务供给需求调查结果见图8-6。

在面临不同类型服务发生冲突，需要进行权衡，优先选择某些服务而放弃其

131

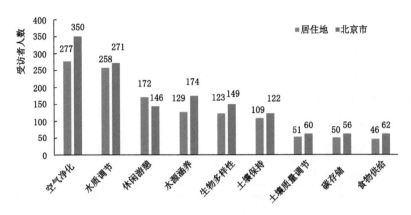

图 8-6　生态系统服务供给需求调查结果

他服务时，受访者给出的顺序为空气净化＞水质调节＞水源涵养＞土壤保持＞休闲游憩＞食物供给＞生物多样性＞碳存储＞土壤质量调节。结合上述重要性和需求性调查结果可以看出，受访者更关注生态环境对人类健康最直接的影响，如空气质量和水质，而对一些间接或潜在的服务则关注度较低，如生物多样性、碳存储和土壤质量调节服务。生态系统服务偏好得分见图 8-7。

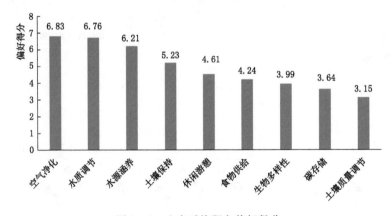

图 8-7　生态系统服务偏好得分

8.2　因素影响分析

8.2.1　性别影响分析

总体来说，男性和女性在生态系统服务各问题的选择上没有显著差异。仅仅在对于自己居住地最重要的前三项选择上，男性认为是空气净化、休闲游憩和水源涵养，而女性认为是空气净化、休闲游憩和水质调节。在其他选择上，男性、女性和总体选择完全一样。因此，在本案例中，性别对生态系统服务偏好基本不存在影响。

8.2.2 年龄影响分析

受访者中 18 岁及以下受访者仅有 4 人，不参与分析。总体来看，随着年龄的增长，受访者对"生态系统服务"或"生态服务"名词的认知程度越高。19～29 岁对所选名词非常熟悉的受访者占 23%，而 30～45 岁占 28%，46～59 岁占46%，60 岁以上占 45%。

对自己所居住区域生态系统服务供给满意程度同样随年龄增长而呈增加趋势，19～29 岁年龄段认为好或非常好的比例为 44%，而 60 岁以上的年龄段则上升到 59%。而认为北京市生态系统服务供给好或非常好的除 46～59 岁年龄段高达 65% 外，其余差别不大。相较而言，除 60 岁以上外的其他年龄段受访者对北京市的生态系统服务供给的满意程度要好于自己所居住的区域。不同年龄段受访者对生态系统服务供给的满意程度见图 8-8。

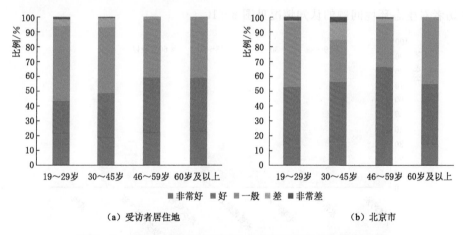

（a）受访者居住地 　　　　　　　　　　（b）北京市

图 8-8　不同年龄段受访者对生态系统服务供给的满意程度

对于近年来生态系统服务供给变化状况来看，各年龄段受访者大多认为有所改善，特别是 46～59 岁的受访者中，有 77% 的人认为自己所居住的区域生态系统服务供给有所改善，79% 的受访者认为北京市生态系统服务供给有所改善。同样，各年龄段受访者认为北京市改善的比例均高于自己的居住地。不同年龄段受访者对生态系统服务供给变化的认知见图 8-9。

生态环境问题方面，各年龄段受访者对自己居住区所面临的生态环境问题方面无太大差别，大气污染和水污染等较容易感知的问题是各年龄段受访者提出比

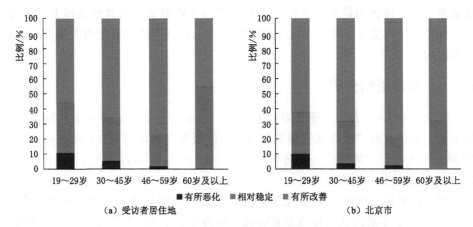

图 8-9　不同年龄段受访者对生态系统服务供给变化的认知

例最高的问题，特别是大气污染，在各年龄段中所提到的比例均在七成以上，且随着年龄增长而增加。而对于一些不容易感知的问题，如土壤污染、生物多样性下降、水资源缺乏等问题的比例较低。年龄总体对该选项影响不大。不同年龄段受访者对生态环境问题的认知情况见图 8-10。

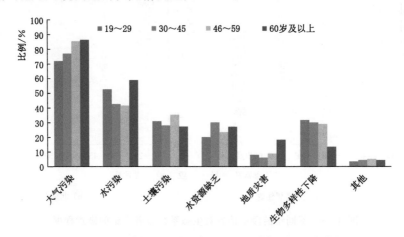

图 8-10　不同年龄段受访者对生态环境问题的认知情况

在未来发展方面，随着年龄的增长，更多比例的受访者倾向于生态环境而非经济建设。60 岁以上受访者比 19～29 岁受访者倾向于保护生态的比例高出 27％。不同年龄段受访者对发展偏好的调查情况见图 8-11。

各年龄段受访者对于生态系统服务重要性和需求相一致，认为居住区最重要和最需要增加供给的三项服务为空气净化、休闲游憩和水质调节；认为北京市最重要和最需要增加供给的三项服务为空气净化、水质调节和水源涵养。总体来

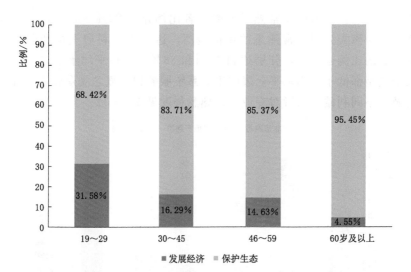

图 8-11 不同年龄段受访者对发展偏好的调查情况

看，年龄对该选项影响不大。

当各类生态系统服务之间产生权衡，需要取舍时，各年龄段给出的顺序略有差别。空气净化、水质调节、水源涵养，土壤保持居前四位；碳存储和土壤质量调节处于最后；其余三项虽略有差别，如 19～29 岁认为食物供给较为重要，60 岁以上认为休闲游憩较为重要，但大致顺序为休闲游憩、食物供给和生物多样性。不同年龄段受访者生态系统服务偏好调查结果见表 8-1。

表 8-1　　　　　不同年龄段受访者生态系统服务偏好调查结果

排序	19～29 岁	30～45 岁	46～59 岁	60 岁及以上
1	空气净化	空气净化	空气净化	水质调节
2	水质调节	水质调节	水质调节	空气净化
3	水源涵养	水源涵养	水源涵养	水源涵养
4	土壤保持	土壤保持	土壤保持	休闲游憩
5	食物供给	休闲游憩	休闲游憩	食物供给
6	休闲游憩	生物多样性	食物供给	生物多样性
7	生物多样性	食物供给	生物多样性	土壤保持
8	碳存储	碳存储	土壤质量调节	碳存储
9	土壤质量调节	土壤质量调节	碳存储	土壤质量调节

8.2.3　利益相关者影响分析

不同人员身份的利益相关者对于"生态系统服务"或"生态服务"名词的熟

悉程度有所差别。对名词非常熟悉的受访者比例介于 20％～45％，其中以保护区工作人员对该类名词非常熟悉的比例最高，达 45％，科研人员和公务员对该类名词熟悉的比例也较高，分别达到 42％和 36％，都在平均水平之上，当地村民等其他类型都低于平均水平。表明生态系统服务相关概念受众较小，在群众中尚未普及。不同利益相关者对专业名词熟悉程度见图 8-12。

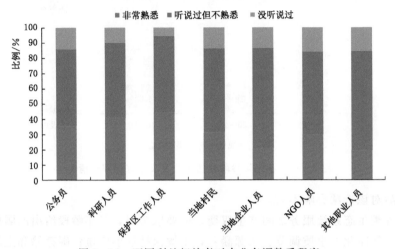

图 8-12　不同利益相关者对专业名词熟悉程度

　　大部分利益相关者对居住地生态系统服务供给水平都较为认可，除科研人员外，其他职业认为差/非常差的比例都在 10％以下。认为好/非常好的职业类群比例以公务员最高，达 57％；其次为保护区工作人员，为 55％；对居住区生态系统服务供给水平最不满意的人群为科研人员和 NGO 人员，均为 31％，远低于平均水平（50％）。一方面原因可能为这两类人群多居住在城区，生态系统服务供给水平确实较低，另一方面原因也可能是这两类专业人群对生态环境的要求较高。

　　大部分利益相关者对北京市生态系统服务供给水平同样比较认可，认为差/非常差的比例都在 10％以下。认为好/非常好的职业类群比例以保护区工作人员最高，达 73％；其次为当地企业人员，为 62％；公务员（60％）和当地村民（57％）也在平均水平之上（56％）。认为北京市生态系统服务供给水平好或非常好比例最低的人群同样为科研人员（38％）和 NGO 人员（46％），远低于平均水平。

　　总体来看，不同利益相关者对生态系统服务供给程度主观感受有所区别，科研人员和 NGO 人员对生态系统服务供给的要求要高于其他人群，对目前生态系统服务的供给水平不满意的比例明显较高。不同利益相关者对生态系统服务供给的满意程度见图 8-13。

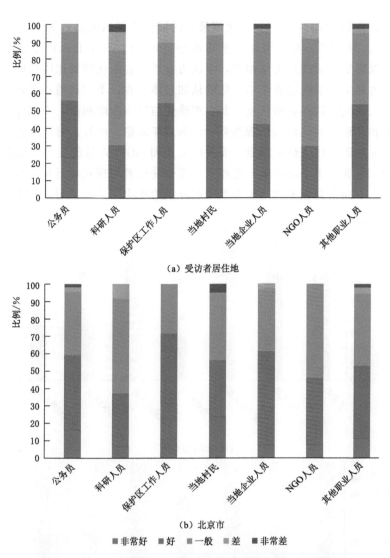

（a）受访者居住地

（b）北京市

■ 非常好　■ 好　■ 一般　■ 差　■ 非常差

图 8-13　不同利益相关者对生态系统服务供给的满意程度

大部分利益相关者认为居住地近年来生态系统服务有所改善，认为有所恶化的比例都在 10% 以下。认为有所改善比例最高的受访者人群为保护区相关工作人员，高达 70%；其次为当地村民和当地企业人员，分别为 69% 和 67%；公务员也高于平均水平（64%），为 66%。比例最低的为科研人员、仅为 47%，其次为 NGO 人员、为 54%，二者均远低于平均水平。

大多利益相关者认为居住地近年来生态系统服务有所改善；除科研人员外（13%），认为有所恶化的比例都在 10% 以下。认为有所改善比例最高的受访者人群为公务员，保护区工作人员，高达 79%，其次为当地企业人员和保护区工作人员，分别为 73% 和 70%；比例最低的同样为科研人员，为 51%，其次为 NGO 人员，为 62%，均显著低于平均水平（69%）。对于北京市生态系统服务变化的主观感受与居住地大体相似，但认为有所改善的比例要比居住地高。不同利益相关者对生态系统服务供给变化的认知总体来看，不同利益相关者对生态系统服务变化情况的认知有所区别，其主观感受与供给程度相似，大部分受访者对于居住地和北京的变化都呈乐观态势，认为近年来稳中向好，有所改善，特别是公务员和保护区工作人员最满意，而科研人员和 NGO 人员的受访者虽总体表示满意，但比例远低于平均水平，有相当一部分受访者对现状和近年来变化趋势表示不乐观。不同利益相关者对生态系统服务供给变化的认知见图 8-14。

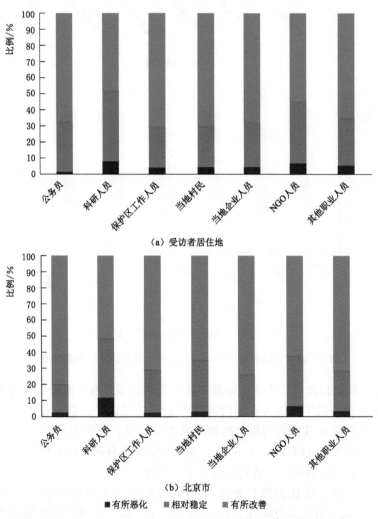

（a）受访者居住地

（b）北京市

■有所恶化　■相对稳定　■有所改善

图 8-14　不同利益相关者对生态系统服务供给变化的认知

　　与总体结果类似，各利益相关者认为居住地面临最大的生态环境问题时提到最多的是大气污染和水污染。土壤污染在各类人群中均有约三成受访者提及，相差不大。而认为生物多样性下降是面临生态环境问题的受访者中，科研人员、NGO 人员和保护区工作人员的比例要显著高于其他人群。而对于水资源缺乏的问题，NGO 人员和当地企业人员的意见存在显著区别，有 54% 的 NGO 受访者认为水资源缺乏同样是居住地面临的严重生态环境问题，而当地企业人员受访者这一比例仅为 15%，相差 3 倍以上。除 NGO 人员外（23%），地质灾害被受访者提到的比例大多在 10% 以下。总体来看，不同利益相关者对生态环境问题的认知有所差别，对于日常不容易感知的一些生态环境问题，科研人员和 NGO、保护区工作人员等从业者要更为敏感。不同利益相关者对生态环境问题的认知情况见图 8-15。

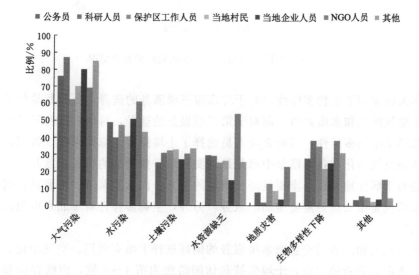

图 8-15　不同利益相关者对生态环境问题的认知情况

　　大多利益相关者都认为未来应更注重保护生态环境，而非发展经济，但当地村民和当地企业人员的比例要低于其他人群。不同利益相关者对发展偏好的调查情况见图 8-16。

　　不同利益相关者对生态系统服务重要性认知总体区别不大。对于居住区域，认为最重要的三项服务中的两项为空气净化和休闲游憩，另一项有所差别，为水源涵养或水质调节；而对于北京市来说，所有受访者均认为空气净化最重要，另两项服务为水质调节、水源涵养或休闲游憩。不同利益相关者对于生态系统服务的需求认知略有区别。对于居住区，认为最需要增加的三项服务中的两项为空气净化和休闲游憩，而第三项服务选择不尽相同，为水源涵养或水质调节，仅保护

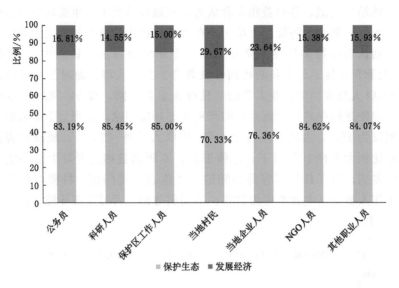

图 8-16　不同利益相关者对发展偏好的调查情况

区工作人员提到了生物多样性。对于北京市三项服务的选择，所有利益相关者都提到了空气净化和水质调节，而对于第三项服务的选择，科研人员和保护区工作人员选择了生物多样性，当地企业人员选择了土壤保持。总体来看，各利益相关者都认为空气净化在各类情景中都是最重要且最需要增加的服务，除此之外，休闲游憩对于居住地来说是重要且需要增加的服务，而水质调节、水源涵养则对于北京市来说是重要且更需要增加的服务，另外，生物多样性对于北京市也是需要增加的服务。

　　不同利益相关者对于生态系统服务的偏好选择上略有差别。空气净化、水质调节和水源涵养为前三位，土壤保持和休闲游憩为第4~5位，而碳存储和土壤质量调节处于最后，差别主要为生物多样性和食物供给，公务员和科研人员认为生物多样性比食物供给重要，而其他职业人员则认为食物供给更重要。不同利益相关者生态系统服务偏好调查结果见表8-2。

表 8-2　　　　　不同利益相关者生态系统服务偏好调查结果

排序	公务员	科研人员	保护区工作人员	当地村民	当地企业人员	NGO人员	其他职业人员
1	水源涵养	空气净化	水质调节	空气净化	空气净化	水质调节	空气净化
2	水质调节	水质调节	空气净化	水质调节	水质调节	空气净化	水质调节
3	空气净化	水源涵养	水源涵养	水源涵养	水源涵养	水源涵养	水源涵养

排序	公务员	科研人员	保护区工作人员	当地村民	当地企业人员	NGO人员	其他职业人员
4	土壤保持	土壤保持	休闲游憩	土壤保持	土壤保持	食物供给	土壤保持
5	休闲游憩	休闲游憩	土壤保持	休闲游憩	休闲游憩	休闲游憩	食物供给
6	生物多样性	生物多样性	食物供给	食物供给	食物供给	生物多样性	休闲游憩
7	食物供给	碳存储	生物多样性	生物多样性	生物多样性	土壤保持	生物多样性
8	碳存储	食物供给	碳存储	碳存储	碳存储	土壤质量调节	碳存储
9	土壤质量调节	土壤质量调节	土壤质量调节	土壤质量调节	土壤质量调节	碳存储	土壤质量调节

由于公务员是政策的制定者和实施者,对不同层级的公务员调查结果进行了初步分析。主要结论包括:国家和北京市公务员对专业名词熟悉程度要明显高于区县和乡镇公务员;越是基层公务员,对于生态系统服务的现状和变化情况越乐观;总体都认为应重视生态环境保护,但越靠近基层比例越低;在生态系统服务重要性和需求性的选择上,除空气净化、水质调节/水源涵养外,国家公务员更多提到了生物多样性,而基层公务员则更多提到休闲游憩。

8.2.4 受教育程度影响分析

受访者中小学及以下受访者仅有3人,不参与本部分相关分析。

受教育程度对于"生态系统服务"或"生态服务"名词的熟悉程度有所影响。博士学位受访者对名词非常熟悉的比例最高,达64%,中学的比例也高达36%,大专为30%,而本科和硕士的比例仅为27%和29%。

虽然受教育程度不同,然而对居住地和北京市的生态系统服务供给水平都较为认可,认为差/非常差的比例都在10%以下,认为好/非常好的职业类群比例以大专最高,达54%,其次为中学和博士,分别为51%和50%,硕士最低,为40%。本科及以上受访者的比例要低于大专及以下。对于北京市来说,认为差/非常差的比例都在10%以下,认为好/非常好的职业类群比例以中学最高,达72%,其次为博士,为61%,硕士最低,仅为42%,远低于平均水平(56%)。总体来说,受教育程度对生态系统服务供给水平有一定影响,除博士群体外,随着教育程度的提高,对生态系统服务供给的满意程度略有降低。不同受教育程度受访者对生态系统供给的满意程度见图8-17。

不同受教育程度受访者都认为居住地和北京市近年来生态系统服务有所改善,认为有所恶化的比例都在10%以下。对于居住地,认为有所改善比例最高的受访者人群为博士,高达71%,其次为大专和中学,分别为70%和67%;比例最低的为硕士,为58%。对于北京市,认为有所改善比例最高的受访者人群

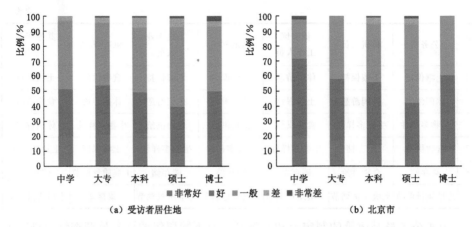

（a）受访者居住地　　　　　　　　（b）北京市

图 8-17　不同受教育程度受访者对生态系统服务供给的满意程度

为中学，高达 77％，其次为硕士和本科，分别为 71％ 和 70％；比例最低的为博士，为 64％。总体来看，受教育程度对该选项影响有限。不同受教育程度受访者对生态系统服务供给变化的认知见图 8-18。

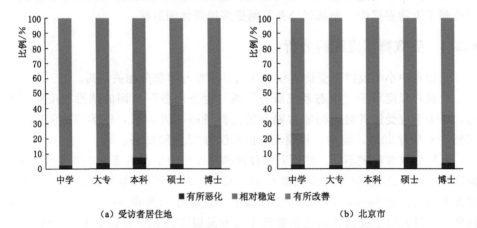

（a）受访者居住地　　　　　　　　（b）北京市

图 8-18　不同受教育程度受访者对生态系统服务供给变化的认知

综合来看，受访者对生态系统服务供给现状比较满意，且认为近年来呈改善趋势。硕士对于生态系统服务供给现状满意的比例要低于其他群体，认为居住地有所改善的比例也低于其他群体，而博士认为北京市有所改善的比例则低于其他群体。

不同受教育程度受访者对于居住地面临最大的生态环境问题时，提到最多的是大气污染和水污染。土壤污染在不同人群中均被约三成的受访者提及，相差不大。而认为生物多样性下降是面临生态环境问题的受访者比例明显受教育程度影响，随学历的提高而增加。而水资源缺乏也大致随学历的提高而提高。地质灾害被各类受访者提到的比例都在 10% 以下。总体来说，对于环境污染问题，各类人群的意见较为一致，而对于日常不容易感知的一些生态问题，则随着教育程度的提高而变得敏感。不同受教育程度受访者对生态环境问题的认知情况见图 8-19。

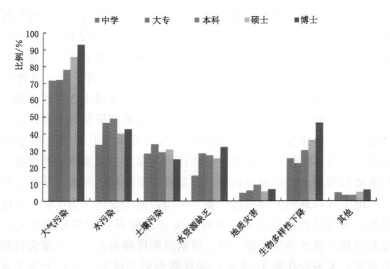

图 8-19 不同受教育程度受访者对生态环境问题的认知情况

不同受教育程度受访者大多认为未来应更注重生态环境，而非经济建设，且比例随教育程度的增加而提高，但中学例外，其比例甚至高于硕士。不同受教育程度受访者对发展偏好的调查情况见图 8-20。

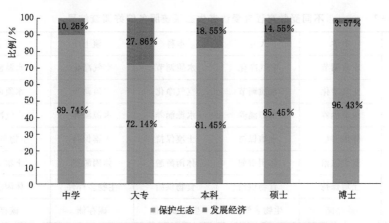

图 8-20 不同受教育程度受访者对发展偏好的调查情况

生态系统服务重要性方面，对于居住区域，空气净化和休闲游憩被各类人群的受访者所提及，而对于另一项服务的选择为水源涵养或者水质调节。而对于北

143

京市来说，本科及以下受访者选择完全相同，为空气净化、水质调节和水源涵养；而硕士和博士则共同选择了空气净化和休闲游憩，第三项为水质调节或水源涵养。总体来看，无论对于居住地还是北京市，空气净化被普遍选择，而休闲游憩被受访者认为对于居住地更具重要性，水质调节或水源涵养对于北京市则更具重要性。教育程度对该选项无影响。生态系统服务需求方面，对于居住区比较缺乏且最需要增加的三项服务，硕士及以下的受访者选择完全相同，为空气净化、水质调节和休闲游憩，而博士则认为除空气净化和水质调节外，生物多样性也需要增加。对于北京市三项服务的选择，所有受访者都提到了空气净化和水质调节，在第三项服务的选择上，中学选择了休闲游憩，而博士选择了生物多样性。

　　总体来看，除博士受访者外，教育程度对生态系统服务的重要性和需求性方面影响有限。空气净化在所有情景下都被认为是最重要且最需要增加供给的服务。除此以外，对于居住区，休闲游憩被认为是重要且需要增加的服务，而对于北京市则水质调节和水源涵养被认为是重要且需要增加的服务。从教育程度的影响来看，除博士外，其他人群的选择基本相同，博士群体认为生物多样性同样应当增加供给。不同受教育程度受访者对于生态系统服务的偏好选择上，空气净化、水质调节和水源涵养位于前三位，仅前后顺序略有差异。土壤保持和休闲游憩也较为重要，大多处在第4～5位，碳存储为第7或第8位，土壤质量调节多为第9位。各服务中变动最大的为食物供给和生物多样性，总体来说食物供给对于北京的优先性随教育程度的提高而下降，变化介于第5～9位，而生物多样性则随教育程度的提高而升高，变化介于第4～8位。

　　不同受教育程度受访者生态系统服务偏好调查结果见表8-3。

表8-3　　　　不同受教育程度受访者生态系统服务偏好调查结果

排序	中学	大专	本科	硕士	博士
1	水质调节	空气净化	水质调节	空气净化	水源涵养
2	空气净化	水质调节	空气净化	水质调节	水质调节
3	水源涵养	水源涵养	水源涵养	水源涵养	空气净化
4	休闲游憩	土壤保持	土壤保持	土壤保持	生物多样性
5	食物供给	休闲游憩	休闲游憩	休闲游憩	土壤保持
6	土壤保持	食物供给	食物供给	生物多样性	休闲游憩
7	碳存储	生物多样性	生物多样性	碳存储	碳存储
8	生物多样性	碳存储	碳存储	土壤质量调节	食物供给
9	土壤质量调节	土壤质量调节	土壤质量调节	食物供给	土壤质量调节

8.2.5　收入影响分析

由于收入在 50 万元以上的受访者人数较少，对其进行合并处理，不再细分。

不同收入水平对"生态系统服务"或"生态服务"专业名词非常熟悉的受访者比例为 28%～40%，总体随收入的增加呈上升趋势。

不同收入水平受访者对居住地和北京的生态系统服务供给水平都较为认可。认为居住地生态系统服务供给水平好/非常好的不同收入人群受访者比例差不多，均为 50% 左右，无明显区别；但认为差/非常差的比例随收入的增加呈升高趋势，收入高于 50 万元的受访者比例达到 20%，远高于平均水平（5%）。认为北京生态系统服务供给水平差/非常差的比例都在 10% 以下，认为好/非常好的受访者比例随收入增加呈下降趋势，收入高于 50 万元的受访者比例仅为 40%，远低于平均水平（56%）。综合来看，对生态系统服务供给水平的满意程度随收入水平的增加而降低。不同收入水平受访者对生态系统服务供给的满意程度见图 8-21。

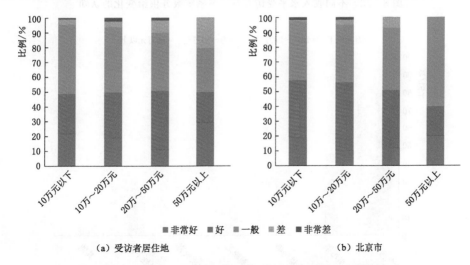

（a）受访者居住地　　　　　　　　　　　（b）北京市

图 8-21　不同收入水平受访者对生态系统服务供给的满意程度

不同收入水平受访者都认为居住地和北京近年来生态系统服务有所改善，认为有所恶化的比例都在 10% 以下。收入水平对该选项无影响。不同收入水平受访者对生态系统服务供给变化的认知见图 8-22。

不同收入水平的受访者认为居住地面临最大的生态环境问题时提到最多的是大气污染、水污染和土壤污染。除收入高于 50 万元的受访者外，其他群体选择基本一致，收入高于 50 万元的受访者更多提到了地质灾害和水资源缺乏，也有可能与该群体样本量较少有关。总体来看，收入对该选项无明显影响。不同收入水平受访者对生态环境问题的认知情况见图 8-23。

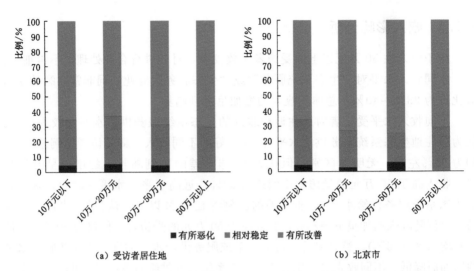

（a）受访者居住地 （b）北京市

图 8-22 不同收入水平受访者对生态系统服务供给变化的认知

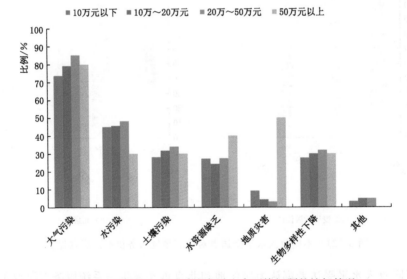

图 8-23 不同收入水平受访者对生态环境问题的认知情况

　　不同收入水平的受访者大多认为未来应更注重保护生态，而非发展经济，但认为注重保护生态的受访者比例随收入水平的增加而明显升高，收入水平对该选项有明显影响。不同收入水平受访者对发展偏好的调查情况见图 8-24。

　　生态系统服务重要性方面，对于居住区域，空气净化和休闲游憩被各收入水平的受访者所提及，而对于另一项服务的选择为水源涵养或者水质调节，但收入高于 50 万元的受访者选择了生物多样性。而对于北京市来说，收入低于 50 万元

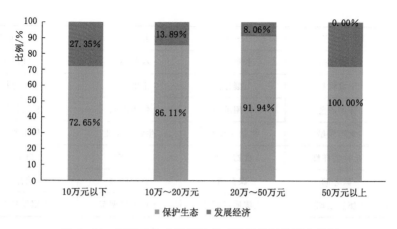

图 8-24　不同收入水平受访者对发展偏好的调查情况

的受访者的选择完全相同,为空气净化、水质调节和水源涵养;而收入高于50万元的受访者除空气净化外,另两项服务选择了休闲游憩和生物多样性。就生态系统服务的重要性方面,收入高于50万元和低于50万元的受访者存在差异,高于50万元受访者更倾向于休闲游憩和生物多样性。生态系统服务需求方面,对于居住区,各收入水平的受访者认为比较缺乏且需要增加的三项生态系统服务的选择和顺序完全相同,为空气净化、水质调节和休闲游憩。对于北京市三项重要生态系统服务的选择,收入低于50万元的受访者选择和顺序也完全相同,而高于50万元的受访者则选择了食物供给。

　　总体来看,收入水平对生态系统服务重要性和需求性有一定影响,收入低于50万元受访者选择完全相同,高于50万元的受访者则略有差异,选择了生物多样性或食物供给。

　　不同收入水平的受访者对生态系统服务的偏好选择上,空气净化、水质调节、水源涵养和土壤保持基本排在前四位,仅前后顺序略有差异。休闲游憩大多数人群选为第5位,生物多样性在第6或第7位,食物供给变动较大,介于第5~8位之间,碳存储基本为第8位,土壤质量调节为第9位。总体来说,除食物供给外,其他服务的排位相差不大,随着收入的增加,食物供给的排位越来越靠后,但50万以上群体对食物供给的排位却高于其他群体。不同收入水平受访者生态系统服务偏好调查结果见表8-4。

表 8-4　　　　　　不同收入水平受访者生态系统服务偏好调查结果

排序	10 万元以下	10 万~20 万元	20 万~50 万元	50 万元以上
1	空气净化	水质调节	空气净化	水质调节
2	水质调节	空气净化	水质调节	水源涵养

续表

排序	10 万元以下	10 万～20 万元	20 万～50 万元	50 万元以上
3	水源涵养	水源涵养	水源涵养	空气净化
4	土壤保持	土壤保持	土壤保持	土壤保持
5	休闲游憩	休闲游憩	休闲游憩	食物供给
6	食物供给	生物多样性	生物多样性	休闲游憩
7	生物多样性	食物供给	碳存储	生物多样性
8	碳存储	碳存储	食物供给	碳存储
9	土壤质量调节	土壤质量调节	土壤质量调节	土壤质量调节

8.2.6 空间影响分析

针对受访者所处的空间位置将所在的 16 个区分为中心城区、近郊区和远郊区。中心城区主要为建成区，包括东城区、西城区、朝阳区、海淀区、丰台区和石景山区；近郊区主要为紧邻中心城区且发展程度较高的区，包括房山区、昌平区、顺义区、通州区和大兴区；远郊区距离中心城区较远，区域内山区面积较大，发展程度较低的区，包括门头沟区、密云区、怀柔区、延庆区和平谷区。

各分区受访者对"生态系统服务"或"生态服务"专业名词的熟悉程度无明显差别，空间位置对该选项无影响。

各分区受访者对居住地和北京市生态系统服务供给水平都较为认可。对于居住地来说，远郊区认为好/非常好的受访者要高出另两个分区 20 个百分点以上，高达 58%；认为差/非常差的比例都在 10% 以下。对于北京市来说，远郊区认为好/非常好的受访者要高出另两个分区 15 个百分点以上，高达 63%，认为差/非常差的比例都在 5% 以下。总体来说，区位对该选项有一定影响，远郊区受访者的满意程度最高，中心城区其次，近郊区最低。不同区位受访者对生态系统服务供给的满意程度见图 8-25。

各分区受访者大多都认为居住地和北京市近年来生态系统服务有所改善，对于居住地来说，远郊区认为有所改善的比例最高达 69%，其次为中心城区，为 60%，近郊区最低，仅为 49%；同时，近郊区认为有所恶化的比例最高，达 16%，高出其他两个分区 10 个百分点。对于北京市来说，远郊区受访者认为有所改善的比例最高达 75%，其次为中心城区，为 63%，近郊区最低，仅为 54%；近郊区认为有所恶化的比例也最高，达 11%。空间位置对该选项有影响。远郊区受访者认为近年来生态系统服务供给有所改善的比例最高，而近郊区认为恶化的比例最高。综合来看，远郊区受访者对居住地或北京市生态系统服务供给

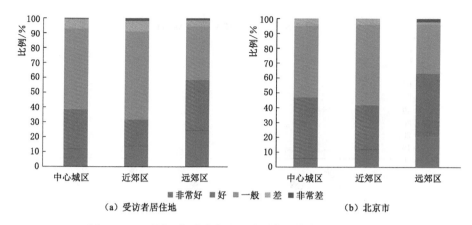

图 8-25　不同区位受访者对生态系统服务供给的满意程度

水平的现状和近年来的变化的乐观程度都要高于其他两个区，而近郊区的比例最低。不同区位受访者对生态系统服务供给变化的认知见图 8-26。

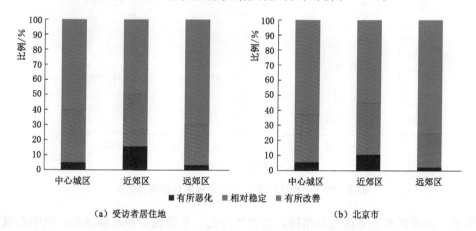

图 8-26　不同区位受访者对生态系统服务供给变化的认知

　　各分区受访者对除生物多样性下降外的生态环境问题类型的认知比例相差不多，无明显区别。中心城区受访者中有 33% 提到了生物多样性下降的问题，远郊区也达到 29%，而近郊区这一比例仅为 18%，近郊区比其他两个分区低了 10 多个百分点。不同区位受访者对生态环境问题的认知情况见图 8-27。

　　各区位受访者大多认为未来应更注重保护生态环境，而非发展经济，中心城区认为应当加强保护生态环境的比例要明显高于其他两个区域。不同区位受访者对发展偏好的调查情况见图 8-28。

　　生态系统服务重要性方面，对于居住区域，空气净化和休闲游憩被各区域受访者所提及，而对于另一项服务的选择为水源涵养或者水质调节；而对于北京市

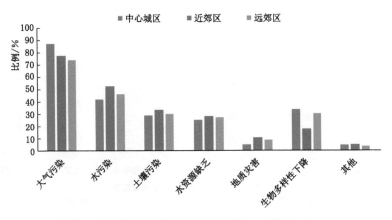

图 8-27　不同区位受访者对生态环境问题的认知情况

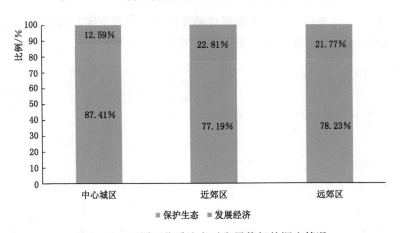

图 8-28　不同区位受访者对发展偏好的调查情况

来说，远郊区和近郊区选择相同，为空气净化、水质调节和水源涵养；而中心城区受访者除空气净化和水质调节外，还选择了休闲游憩，各分区对重要生态系统服务的选项上无明显差别，影响不大。生态系统服务需求方面，对于居住区，认为比较缺乏且需要增加的三项服务，中心城区和远郊区选择为空气净化、水质调节和休闲游憩，近郊区未选择休闲游憩选的是土壤保持；对于北京市，三项生态系统服务的选择完全相同，为空气净化、水质调节和水源涵养。

　　总体来看，各分区对生态系统服务的重要性和需求性方面的选择无明显差别，空间区位对其影响不大。

　　不同区位受访者对生态系统服务的偏好选择方面，主要在生物多样性上略有不同。具体偏好选择为：空气净化、水质调节、水源涵养和土壤保持为前四位，仅前后顺序略有差异；在5～9位的排序上，近郊区与远郊区完全相同，中心城区认为生物多样性最为重要，要优先于其他服务，而近郊区和远郊区则认为休闲游憩和食物供给有优于生物多样性，中心城区对生物多样性的偏好要强于其他两个分区。不同区位受访者生态系统服务偏好调查结果见表8-5。

表8-5　　　　　　不同区位受访者生态系统服务偏好调查结果

排序	中心城区	近郊区	远郊区
1	空气净化	水质调节	空气净化
2	水质调节	水源涵养	水质调节
3	水源涵养	空气净化	水源涵养
4	土壤保持	土壤保持	土壤保持
5	生物多样性	休闲游憩	休闲游憩
6	休闲游憩	食物供给	食物供给
7	碳存储	生物多样性	生物多样性
8	食物供给	碳存储	碳存储
9	土壤质量调节	土壤质量调节	土壤质量调节

8.3 小　　结

本章依据调查问卷结果，详细分析了各类影响因素对生态系统服务选择偏好的影响。总体来看，受访者的身份对生态系统服务的认知和偏好影响最大，其次是受教育水平，性别基本无影响。

（1）专业名词熟悉程度方面：受访者性别和所在区的位置对此无影响；年龄越大、收入越高的群体熟悉程度越高；保护区工作人员、科研人员及博士学位的受访者熟悉程度更高；公务员中国家公务员和北京市公务员熟悉程度要高于基层公务员。

（2）生态系统服务供给满意度方面：除性别因素外其他因素或多或少都有影响。总体来看，对供给水平的满意度随年龄的增大而提升，随收入的提高而降低；科研人员和NGO人员较其他人群低，公务员中，基层公务员要比国家和北京公务员要满意；硕士群体比其他人群低；远郊区受访者满意程度最高，而近郊区最低。

（3）生态系统服务变化趋势方面：性别和收入水平无影响；46～59岁群体受访者认为近年来有所改善的比例要高于其他群体；公务员和保护区工作人员受访者要高于其他群体，公务员中乡镇公务员要高于其他公务员，而科研人员和NGO人员要低于其他群体，有相当一部分受访者认为有所恶化；硕士群体认为

151

居住地改善的比例要低于其他群体，而博士群体认为北京市改善的比例要低于其他群体；远郊区受访者认为近年来改善的比例同样高于其他两个区域，而近郊区认为恶化的比例也要高于其他两个区域。

（4）主要生态环境问题方面：大气污染和水污染是所有群体提到最多的两个生态环境问题，地质灾害提到的比例都为最低，差别主要体现在生物多样性下降和水资源缺乏。性别、年龄和收入水平对该问题无太大影响；科研人员、NGO人员和保护区工作人员认识到生物多样性等问题的比例要显著高于其他人群；而公务员内部差别则主要体现在土壤污染和水资源缺乏，基层公务员更倾向于水资源缺乏，国家公务员则更倾向于土壤污染；受教育程度影响方面，认为生物多样性下降和水资源缺乏是面临生态环境问题的受访者比例明显随受教育程度的提高而提高；近郊区受访者认为生物多样性下降是面临生态环境问题的比例要明显低于其他两个分区。

（5）未来发展重心方面：各群体认为今后应更注重保护生态环境的比例都要明显高于发展经济，但比例存在差别。性别无影响；随着年龄的增长、教育程度的提升和收入水平的增加，认为更注重保护生态环境的受访者比例也随之增长；当地村民和当地企业人员认为要注重保护生态环境的比例要低于其他群体，而公务员群体中越是靠近基层，比例也越低。中心城区认为应更注重生态环境的比例要明显高于其他两个分区。

（6）生态系统服务重要性方面：各群体认为最重要的三项生态系统服务无太大差别。认为自己居住地最重要的三项服务为空气净化和休闲游憩，另一项为水源涵养或水质调节。而认为北京市最重要的三项服务为空气净化、水质调节和水源涵养。略有不同的是国家公务员和收入在 50 万以上的群体则提到了生物多样性。

（7）生态系统服务需求性方面：性别、年龄、收入水平和所处区位对该选项无太大差别，认为居住地最应增加的服务为空气净化、休闲游憩和水质调节，认为北京市最应增加的三项服务为空气净化、水质调节和水源涵养。科研人员、保护区工作人员和国家公务员及博士学位的受访者提到最应增加的服务还包括生物多样性。

（8）生态系统服务偏好选择方面：各类群对于生态系统服务的偏好，空气净化、水质调节、水源涵养和土壤保持一般都位于前四位，碳存储和土壤质量调节大多情况下处于最后两位，以上五项服务的顺序较为固定，而休闲游憩一般来说处于第 5 位，但波动较大，排位顺序差异最大的为食物供给和生物多样性。不同年龄群体中，19～29 岁认为食物供给较为重要，60 岁以上认为休闲游憩较为重要，但大体顺序为休闲游憩、食物供给和生物多样性；不同身份群体中，公务员和科研人员认为生物多样性比食物供给重要，而其他人群则认为食物供给更重要；不同教育程度的受访者，食物供给排名随教育程度的提高而下降，变化介于5～9位，而生物多样性则随教育程度的提高而升高，变化介于4～8位；不同收入群体的选择差别为食物供给，随着收入的增加，食物供给的排位越来越靠后，介于5～8位；中心城区对生物多样性的偏好要强于其他两个分区，认为生物多样性＞休闲游憩＞食物供给。

第9章 总　　结

本书以北京湾过渡带为案例区，对区内生态系统服务及其关系开展了系统研究，得到的主要结论如下。

（1）北京湾过渡带的九种生态系统服务的供给都呈显著聚集分布，具有明显的空间异质性。其中，EES 主要受生态系统及其过程影响，在研究区从西北到东南大致呈现由高到低的格局；与之相反，HES 受人类影响较大，从西北到东南大致呈现由低到高的格局。研究区分布有 5 个生态系统服务的供给热点区，分别为密云云蒙山区域、密云雾灵山-锥峰山区域、平谷四座楼区域、房山十渡区域、海淀香山-鹫峰区域，各片区多分布有国家级或市级的自然保护地，现状自然生境保存较好，生态系统服务供给总体较高。

（2）从全局角度看，EES 之间均表现为协同关系，HES 中食物供给与水质调节受耕地影响较大，与其他服务多表现为权衡关系，休闲游憩和空气净化与其他服务关系不明确或关系较弱。土地开发指数是对生态系统服务影响最大的环境因子，人类对土地利用的方式在很大程度上决定了研究区生态系统服务的供给和空间分布情况。变差分解结果表明，社会经济因子在两个尺度都是影响生态系统服务最重要的因素，其与地形因子两组变量可以代表大部分因子的变差解释。基于 RDA 结果识别了生态系统服务簇并对北京湾过渡带进行了分区，可为政策实施和精细化管理提供参考。

（3）从局域角度看，生态系统服务关系表现出明显的空间异质性，同一对生态系统服务在不同区域可表现出不同的关系，而同一区域也可同时表现出较强烈的权衡关系和协同关系。总体来看，权衡关系的强度多取决于 HES 的供给，某区域如果 HES 供给较高或较低，其生态系统服务之间容易表现为权衡关系；协同关系和双输关系的强度多取决于 EES，该类服务供给较高的区域容易发生协同关系，供给较低的区域容易发生双输关系。因此，过渡带靠近东南部平原区的主导生态系统服务关系以权衡和双输为主，而靠近西北部山区的主导关系则以协同为主。同时，环境因子在局域角度对生态系统服务的影响也表现出空间异质性，地形因子和植被因子对生态系统服务的影响倾向于积极促进作用，社会经济因子则倾向于负面影响，气象因子介于二者之间。因此，在分析环境因子对某一区域生态系统服务影响时，要充分考虑到其内部环境的差异性，避免一概而论。

（4）北京湾过渡带生态系统服务及其关系都表现出一定程度的梯度效应。除土地开发梯度外，生态系统服务随其他环境梯度的变化都识别得到 1~2 个关键突变点，使其趋势发生变化。其中海拔梯度的关键突变点多为 300m 左右，植被覆盖度关键突变点多为 0.5 左右，降雨梯度关键突变点多为 580mm 左右。各生态系统服务随土地开发梯度变化较为简单，大多表现为单调递增或递减趋势，未发生趋势变化。权衡关系强度随降雨梯度呈显著增强趋势，除此之外，随其他环境梯度都表现出先减弱后增强的 U 形变化。协同关系随环境梯度均表现为单调变化，除土地开发梯度为单调减弱外，其他均为单调增强。双输关系随海拔梯度呈 U 形变化，随植被梯度和降雨梯度呈减弱趋势，随土地开发梯度呈增强趋势。总体而言，需要特别注意各环境因子的临界突变点，避免生态系统服务的供给或其关系发生逆转，影响区域的可持续发展。

（5）不同身份背景的调查者对生态系统服务偏好及发展倾向具有不同的看法。总体而言，受访者对生态系统服务的供给程度满意程度较高。其中年龄较大、收入较低、受教育程度较低及远郊区的受访者对生态系统服务的供给满意度相对更高，公务员和保护区工作人员满意度较高，而科研人员和 NGO 人员满意度稍低。相对而言，空气净化、水质调节和水源涵养在通常情况下被受访者认为是最重要且最需要增加的三项服务，生物多样性和休闲游憩则被公务员和科研人员提及。受访者均认为将来发展应以保护生态环境为主，而非发展经济，表明近年来随着生态文明理念的深入人心，群众的生态环境保护意识得到很大程度的提高。

（6）现有规划表明，北京湾过渡带未来将坚持生态优先，保护环境；坚持刚性管控，严格治理；坚持城乡融合，绿色发展。总体发展目标为首都生态文明示范区和首都城市建设发展的第一道生态屏障。结合本书成果和相关规划措施，在浅山生态涵养区（乡镇尺度Ⅰ区），植被条件好的区域，生态系统服务综合供给较高，应采取近自然的保护方式，以生态保育为主、生态修复为辅，提升主导生态系统服务的供给，调节生态系统服务的权衡关系强度；在部分人为破坏严重的区域，以生态修复为主，必要时实施封山育林，使其尽快恢复到自然状态，提升生物多样性，促进生态系统质量的提升，恢复受损山体的基本生态功能，增强生态系统服务的协同关系强度；在山间村落聚集区域，在保障主导服务供给的同时，倡导美丽乡村建设，减弱生态系统服务的双输关系强度，促进人与自然和谐共生，适度发展生态主导的特色产业，提倡发展生态精品农业和高端民宿，打造浅山休闲游憩带，引导特色产业生态化发展，形成绿色生产方式和生活方式。依托浅山生态涵养区构建区域生态安全格局基底，充分发挥生态屏障作用。在山前农产品提供区（乡镇尺度Ⅱ区），要严格保护基本农田，调整农业产业结构，转变农业发展方式，发挥地方特色农产品优势，推动都市现代化农业示范区建设。同时清理违法占地和违法建设，以新一轮百万亩造林为契机，合理制定生态建设和生态修复措施，严格保护生态用地并积极拓展绿色空间，确保生态空间只增不减，提升生态系统规模和质量，完善区域生态空间布局，增强生态系统服务的协同关系强度。城镇休闲区（乡镇尺度Ⅲ区）为人类聚集区，人口密度大，要加强建设用地管控，严控增量建设和开发强度，同时通过"留白增绿、见缝插绿"等精细化管理方式增加绿地面积，降低生态系统服务的双输关系强度，打造高品质休闲游憩服务区，使市民在生活区域内享受近自然体验，提升生活品质。

总体而言，本书对于过渡带生态系统服务及其关系的研究提供了中小尺度的案例，研究成果在人地矛盾较为突出的北京湾区域具有较强的应用价值，对于决策者从不同利益相关者的需求出发，进而为开展精细化管理提供参考，有助于制定符合空间差异化的生态保护和生态补偿策略，为探索生态产品价值的实现路径提供思路，促进区内生态系统服务效益最大化，从而实现当地生态系统的可持续发展。研究结果也可为过渡带生态系统服务相关研究提供借鉴，为生态系统服务关系相关研究提供思路，在提供案例参考的同时具有一定理论意义。

参 考 文 献

白杨，郑华，庄长伟，等，2013. 白洋淀流域生态系统服务评估及其调控. 生态学报，33（3）：711-717.

鲍显诚，陈灵芝，陈清朗，等，1984. 栓皮栎林的生物量. 植物生态学与地植物学丛刊，8（4）：313-320.

曹吉鑫，2011. 北京北部山区不同林龄的油松和侧柏人工林碳库研究. 北京：北京林业大学.

曹祺文，卫晓梅，吴健生，2016. 生态系统服务权衡与协同研究进展. 生态学杂志，35（11）：3102-3111.

常学礼，赵爱芬，李胜功，1999. 生态脆弱带的尺度与等级特征. 中国沙漠，19（2）：115-119.

陈灵芝，陈清朗，鲍显诚，等，1986a. 北京山区的侧柏林（*Platycladus orientalis*）及其生物量研究. 植物生态学与地植物学丛刊，10（1）：17-25.

陈灵芝，任继凯，鲍显诚，等，1984. 北京西山（卧佛寺附近）人工油松林群落学特性及生物量的研究. 植物生态学与地植物学丛刊，8（3）：173-181.

陈灵芝，任继凯，陈清朗，等，1986b. 北京西山人工洋槐林的生物量研究. 植物学报，28（2）：201-208.

陈龙，刘春兰，潘涛，等，2014. 基于干沉降模型的北京平原区造林削减 $PM_{2.5}$ 效应评估. 生态学杂志，33（11）：2897-2904.

陈龙，谢高地，裴厦，等，2012. 澜沧江流域生态系统土壤保持功能及其空间分布. 应用生态学报，23（8）：2249-2256.

陈奕竹，肖轶，孙思琦，等，2019. 基于地形梯度的湘西地区生态系统服务价值时空变化. 中国生态农业学报，27（4）：623-631.

崔国发，邢韶华，赵勃，2008. 北京山地植物和植被保护研究. 北京：中国林业出版社.

戴尔阜，王晓莉，朱建佳，等，2016. 生态系统服务权衡：方法、模型与研究框架. 地理研究，35（6）：1005-1016.

戴晓兵，1989. 怀柔山区荆条灌丛生物量的季节动态. 植物学报，31（4）：307-315.

戴永久，上官微，2019. 中国土壤有机质数据集. 北京：国家青藏高原科学数据中心.

翟明普，1982. 北京西山地区油松元宝枫混交林生物量和营养元素循环的研究. 北京林学院学报（4）：67-79.

丁圣彦，2006.《秦岭-黄淮平原交界带自然地理边际效应》评介. 地理学报，61（11）：1230.

范兆飞，安玉涛，赵信海，1997. 油松人工林生物产量及生产力的研究. 北京林业大学学报，19（S2）：93-98.

方精云，刘国华，朱彪，等，2006. 北京东灵山三种温带森林生态系统的碳循环. 中国科学. D辑：地球科学，36（6）：533-543.

冯宗炜，王效科，吴刚，等，1999. 中国森林生态系统的生物量和生产力. 北京：科学出版社.

符素华，王红叶，王向亮，等，2013. 北京地区径流曲线数模型中的径流曲线数. 地理研究，

32 (5)：797-807.

傅伯杰，于丹丹，2016. 生态系统服务权衡与集成方法. 资源科学，38 (1)：1-9.

傅伯杰，张立伟，2014. 土地利用变化与生态系统服务：概念、方法与进展. 地理科学进展，
    33 (4)：441-446.

傅伯杰，陈利顶，马克明，等，2001. 景观生态学原理及应用. 北京：科学出版社.

高清竹，何立环，黄晓霞，等，2002. 海河上游农牧交错地区生态系统服务价值的变化. 自然
    资源学报，17 (6)：706-712.

葛菁，吴楠，高吉喜，等，2012. 不同土地覆被格局情景下多种生态系统服务的响应与权
    衡——以雅砻江二滩水利枢纽为例. 生态学报，32 (9)：2629-2639.

耿润哲，王晓燕，焦帅，等，2013. 密云水库流域非点源污染负荷估算及特征分析. 环境科学
    学报，33 (5)：1484-1492.

龚诗涵，肖洋，郑华，等，2017. 中国生态系统水源涵养空间特征及其影响因素. 生态学报，
    37 (7)：2455-2462.

巩杰，徐彩仙，燕玲玲，等，2019. 1997—2018 年生态系统服务研究热点变化与动向. 应用
    生态学报，30 (10)：3265-3276.

管华，2006. 秦岭-黄淮平原交界带自然地理边际效应. 北京：科学出版社.

郝梦雅，任志远，孙艺杰，等，2017. 关中盆地生态系统服务的权衡与协同关系动态分析. 地
    理研究，36 (3)：581-590.

侯仁之，2013. 北平历史地理. 邓辉，申雨平，毛怡，译. 北京：外语教学与研究出版社.

黄晓强，2016. 北京山区典型流域人工林碳密度及其影响因素分析. 北京：北京林业大学.

季延寿，丁辉，2018. 丰富多彩的北京生物多样性. 北京：北京科学技术出版社.

赖江山，2014. 数量生态学：R 语言的应用. 北京：高等教育出版社.

郎华安，黄烺增，顾介安，等，1990. 柳杉苗木生物量初步研究. 福建林学院学报，10 (4)：
    427-432.

李晶，李红艳，张良，2016. 关中-天水经济区生态系统服务权衡与协同关系. 生态学报，
    36 (10)：1-10.

李克煌，1996. 自然地理界面理论与实践. 北京：中国农业出版社.

李鹏，姜鲁光，封志明，等，2012. 生态系统服务竞争与协同研究进展. 生态学报，32 (16)：
    5219-5229.

李全，李腾，杨明正，等，2017. 基于梯度分析的武汉市生态系统服务价值时空分异特征. 生
    态学报，37 (6)：2118-2125.

李双成，张才玉，刘金龙，等，2013. 生态系统服务权衡与协同研究进展及地理学研究议题.
    地理研究，32 (8)：1379-1390.

李艳，刘海军，罗雨，2010. 北京地区潜在蒸散量计算方法的比较研究. 灌溉排水学报，
    29 (5)：27-32.

李盈盈，刘康，胡胜，等，2015. 陕西省子午岭生态功能区水源涵养能力研究. 干旱区地理，
    38 (3)：636-642.

李志华，景风瑞，胡高纯，等，1998. 平顶山市丘陵区沟头防护生物措施配置研究. 水土保持
    通报，18 (1)：8-12.

刘宝元，毕小刚，符素华，等，2010. 北京土壤流失方程. 北京：科学出版社.

刘成杰，2014. 基于典型样地的山东省森林碳储量及碳密度研究. 泰安：山东农业大学.

刘绿怡，刘慧敏，任嘉衍，等，2017. 生态系统服务形成机制研究进展. 应用生态学报，28 (8)：2731 - 2738.

卢国珍，李洪波，步兆东，等，2004. 辽西半干旱区杏（枣）农复合模式的研究. 辽宁林业科技 (5)：16 - 19.

罗超群，朱建宏，周宗瑞，1996. 秃杉苗木生物量研究. 湖南林业科技，23 (3)：38 - 41.

罗云建，张小全，王效科，等，2009. 华北落叶松人工林生物量及其分配模式. 北京林业大学学报，31 (1)：1 - 6.

马建华，千怀遂，管华，等，2004. 秦岭-黄淮平原交界带自然地理若干特征分析. 地理科学，24 (6)：666 - 673.

马琳，刘浩，彭建，等，2017. 生态系统服务供给和需求研究进展. 地理学报，72 (7)：1277 - 1289.

马文娟，2010. 不同经济作物养分吸收与累积规律研究. 杨凌：西北农林科技大学.

马宗文，许学工，卢亚灵，2011. 环渤海地区 NDVI 拟合方法比较及其影响因素. 生态学杂志，30 (7)：1558 - 1564.

牛文元，1989. 生态环境脆弱带 ECOTONE 的基础判定. 生态学报，9 (2)：97 - 105.

欧维新，王宏宁，陶宇，2018. 基于土地利用与土地覆被的长三角生态系统服务供需空间格局及热点区变化. 生态学报，38 (17)：6337 - 6347.

潘竟虎，李真，2017. 干旱内陆河流域生态系统服务空间权衡与协同作用分析. 农业工程学报，33 (17)：280 - 289.

潘影，徐增让，余成群，等，2013. 西藏草地多项供给及调节服务相互作用的时空演变规律. 生态学报，33 (18)：5794 - 5801.

彭方仁，王良桂，1998. 板栗不同密度林分的生长发育与生物生产力. 经济林研究，16 (3)：12 - 16.

彭建，胡晓旭，赵明月，等，2017. 生态系统服务权衡研究进展：从认知到决策. 地理学报，72 (6)：960 - 973.

彭建刚，周月明，安文明，等，2010. 奇台绿洲荒漠交错带生态系统服务功能价值评估研究. 新疆农业科学，47 (8)：1665 - 1670.

饶胜，林泉，王夏晖，等，2015. 正蓝旗草地生态系统服务权衡研究. 干旱区资源与环境，29 (3)：81 - 86.

石垚，袁大鹏，赵雪杉，等，2018. 基于地形梯度的冀西北间山盆地生态系统服务价值评估——以河北省怀来县为例. 水土保持研究，25 (3)：184 - 190.

孙翀，2013. 北京山地地区主要森林类型碳汇潜力的研究. 北京：北京林业大学.

孙克，徐中民，2016. 基于地理加权回归的中国灰水足迹人文驱动因素分析. 地理研究，35 (1)：37 - 48.

孙艺杰，任志远，赵胜男，等，2017. 陕西河谷盆地生态系统服务协同与权衡时空差异分析. 地理学报，72 (3)：521 - 532.

田奇凡，杜连海，李秀军，1997. 洋槐人工林生物量的研究. 北京林业大学学报，19 (S2)：104 - 107.

田勇燕，秦飞，关庆伟，2014. 江苏徐州市果树经济林的碳储量估算. 中国园艺文摘 (5)：50 - 52.

田勇燕，2012. 基于森林资源普查的徐州市森林碳储量研究. 南京：南京林业大学.

王蓓，赵军，胡秀芳，2016. 基于 InVEST 模型的黑河流域生态系统服务空间格局分析. 生态学杂志，35（10）：2783 - 2792.

王凤珍，周志翔，郑忠明，2011. 城郊过渡带湖泊湿地生态服务功能价值评估——以武汉市严东湖为例. 生态学报，31（7）：1946 - 1954.

王光华，2012. 北京森林植被固碳能力研究. 北京：北京林业大学.

王纪武，2009. 山地平原生态交错带城镇生态格局研究. 城市发展研究，16（12）：56 - 62.

王莉雁，肖燚，江凌，等，2016. 城镇化发展对呼包鄂地区生态系统服务功能的影响. 生态学报，36（19）：6031 - 6039.

王庆锁，冯宗炜，罗菊春，1997. 生态交错带与生态流. 生态学杂志，16（6）：52 - 58.

王晓峰，薛亚永，张园，2016. 基于地形梯度的陕西省生态系统服务价值评估. 冰川冻土，38（5）：1432 - 1439.

王志芳，彭瑶瑶，徐传语，2019. 生态系统服务权衡研究的实践应用进展及趋势. 北京大学学报（自然科学版），55（4）：773 - 781.

肖能文，高晓奇，李俊生，等，2018. 北京市生物多样性评估与保护对策. 北京：中国林业出版社.

徐嵩龄，方精云，刘国华，1996. 我国森林植被的生物量和净生产量. 生态学报，16（5）：497 - 508.

徐煖银，孙思琦，薛达元，等，2019. 基于地形梯度的赣南地区生态系统服务价值对人为干扰的空间响应. 生态学报，39（1）：97 - 107.

许广岐，王凤霞，李秋梅，1992. 樟子松的苗龄型与苗木质量的关系. 东北林业大学学报，20（3）：20 - 25.

阎海平，李恒，张金生，1997. 元宝枫林生物量的研究. 北京林业大学学报，19（S2）：108 - 112.

杨吉华，王华田，张光灿，等，1996. 花椒光合特征及生物量分布规律的研究. 林业科技通讯（12）：26 - 27.

杨锁华，胡守庚，瞿诗进，2018. 长江中游地区生态系统服务价值的地形梯度效应. 应用生态学报，29（3）：976 - 986.

杨晓楠，李晶，秦克玉，等，2015. 关中-天水经济区生态系统服务的权衡关系. 地理学报，70（11）：1762 - 1773.

杨兴柱，蒋锴，陆林，2014. 南京市游客路径轨迹空间特征研究——以地理标记照片为例. 经济地理，34（1）：181 - 187.

杨振山，蔡建明，2010. 空间统计学进展及其在经济地理研究中的应用. 地理科学进展，29（6）：757 - 768.

姚延梼，1989. 京西山区油松侧柏人工混交林生物量及营养元素循环的研究. 北京林业大学学报，11（2）：38 - 46.

俞孔坚，袁弘，李迪华，等，2009. 北京市浅山区土地可持续利用的困境与出路. 中国土地科学，23（11）：3 - 8.

张彪，2016. 北京市绿色空间及其生态系统服务. 北京：中国环境出版社.

张萍，2009. 北京森林碳储量研究. 北京：北京林业大学.

张松林，张昆，2007. 空间自相关局部指标 Moran 指数和 G 系数研究. 大地测量与地球动力，27（3）：31 - 34.

张宇硕，吴殿廷，2019. 京津冀地区生态系统服务权衡的多尺度特征与影响因素解析. 地域研究与开发，38（3）：141-147.

赵艳霞，武爱彬，刘欣，等，2014. 浅山丘陵区土地利用地形梯度特征与生态服务价值响应. 水土保持研究，21（3）：141-145.

郑华，李屹峰，欧阳志云，等，2013. 生态系统服务功能管理研究进展. 生态学报，33（3）：702-710.

钟兆站，李克煌，1998. 山地平原交界带自然灾害与资源环境评价. 资源科学，20（3）：34-41.

周文佐，2003. 基于GIS的我国主要土壤类型土壤有效含水量研究. 南京：南京农业大学.

周佑勋，1981. 檫树苗木生物产量的初步研究. 林业科技通讯（6）：3-6.

朱芬萌，安树青，关保华，等，2007. 生态交错带及其研究进展. 生态学报，27（7）：3032-3042.

朱丽平，2016. 北京五种人工林生态系统生物量和碳密度研究. 北京：北京林业大学.

ANASTASIOU A, FRYZLEWICZ P, 2019. Detecting multiple generalized change-points by isolating single ones, 2019（2019-08-09）https：//arxiv.org/pdf/1901.10852.pdf.

ANDERSSON E, BARTHEL S and AHRNÉ K, 2007. Measuring social-ecological dynamics behind the generation of ecosystem services. Ecological Applications, 17：1267-1278.

BENNETT E M, PETERSON G D. and GORDON L J, 2009. Understanding relationships among multiple ecosystem services. Ecology letters, 12：1394-1404.

BORCARD D, LEGENDRE P, DRAPEAU P, 1992. Partialling out the spatial component of ecological variation. Ecology, 73（3）：1045-1055.

BRADFORD J B and D'AMATO A W, 2012. Recognizing trade-offs in multi-objective land management. Frontiers in Ecology and the Environment, 10：210-216.

CADENASSO M L, PICKETT S T A, WATHERS K C, et al, 2003. An interdisciplinary and synthetic approach to ecological boundaries. Bioscience, 53（8）：717-722.

CASTILLO-EGUSKITZA N, MARTÍN-LÓPEZ B and ONAINDIA M, 2018. A comprehensive assessment of ecosystem services：Integrating supply, demand and interest in the Urdaibai Biosphere Reserve. Ecological Indicators, 93：1176-1189.

CHEN T, FENG Z, ZHAO H, et al, 2020. Identification of ecosystem service bundles and driving factors in Beijing and its surrounding areas. Science of The Total Environment, 711：134687.

CLEMENTS F E, 1905. Research methods in ecology. Lincoln Nebraska USA. University of Nebraska Publishing Company. 334.

DENG X, LI Z and GIBSON J, 2016. A review on trade-off analysis of ecosystem services for sustainable land-use management. Journal of Geographical Sciences, 26：953-968.

DI CASTRI F, HANSEN A J, HOLLAND M M, 1988. A New Look at Ecotones. Biology International, Special Issue 17. Paris：International Union of Biological Sciences.

EGOH B, REYERS B, ROUGET M, et al, 2009. Spatial congruence between biodiversity and ecosystem services in South Africa. Biological Conservation, 142：553-562.

ESCOBEDO F J and NOWAK D J, 2009. Spatial heterogeneity and air pollution removal by an urban forest. Landscape and Urban Planning, 90（3-4）：102-110.

FRANCISCO D L B, RUBIO P and BANZHAF E, 2016. The value of vegetation cover for ecosystem services in the suburban context. Urban Forestry and Urban Greening, 16：110-122.

FU B, WANG S, SU C, et al, 2013. Linking ecosystem processes and ecosystem services. Current Opinion in Environmental Sustainability, 5: 4 – 10.

GETIS A, ORD J K, 1992. The analysis of spatial association by use of distance statistics. Geographical Analysis, 24 (3): 189 – 206.

GONZALEZ – REDIN J, LUQUE S, POGGIO L, et al, 2016. Spatial Bayesian belief networks as a planning decision tool for mapping ecosystem services trade – offs on forested landscapes. Environmental Research, 144, Part B: 15 – 26.

HERRERO – JÁUREGUI C, ARNAIZ – SCHMITZ C, HERRERA L, et al, 2018. Aligning landscape structure with ecosystem services along an urban – rural gradient. trade – offs and transitions towards cultural services. Landscape Ecology, 34 (7): 1 – 21.

HOLLAND MM, 1988. SCOPE/MAB technical consultations on landscape boundaries: report of a SCOPE/MAB workshop on ecotones. Biology International, 17 (47): 106.

HOWE C, SUICH H, VIRA B, et al, 2014. Creating win – wins from trade – offs? Ecosystem services for human well – being: A meta – analysis of ecosystem service trade – offs and synergies in the real world. Global Environmental Change, 28: 263 – 275.

JOHNSON J A, RUNGE C F, SENAUER B, et al, 2014. Global agriculture and carbon trade – offs. Proceedings of the National Academy of Sciences, 111: 12342 – 12347.

KONG L, ZHENG H, XIAO Y, et al, 2018. Mapping ecosystem service bundles to detect distinct types of multifunctionality within the diverse landscape of the Yangtze River Basin, China. Sustainability, 10: 857.

KROLL F, MÜLLER F, HAASE D, et al, 2012. Rural – urban gradient analysis of ecosystem services supply and demand dynamics. Land Use Policy, 29 (3): 521 – 535.

LARONDELLE N D H, 2013. Urban ecosystem services assessment along a rural – urban gradient: A cross – analysis of European cities. Ecological Indicators, 29: 179 – 190.

LAUTENBACH S, KUGEL C, LAUSCH A, et al, 2011. Analysis of historic changes in regional ecosystem service provisioning using land use data. Ecological Indicators, 11: 676 – 687.

LI B, CHEN D, WU S, et al, 2016. Spatio – temporal assessment of urbanization impacts on ecosystem services: Case study of Nanjing City, China. Ecological Indicators, 71: 416 – 427.

LI B, CHEN N, WANG Y, et al, 2018. Spatio – temporal quantification of the trade – offs and synergies among ecosystem services based on grid – cells: A case study of Guanzhong Basin, NW China. Ecological Indicators, 94: 246 – 253.

LI Y, ZHANG L, YAN J, et al, 2017a. Mapping the hotspots and coldspots of ecosystem services in conservation priority setting. Journal of Geographical Sciences, 27 (6): 681 – 696.

LI H, PENG J, YANXU L, et al, 2017b. Urbanization impact on landscape patterns in Beijing City, China: A spatial heterogeneity perspective. Ecological Indicators, 82: 50 – 60.

LIN S, WU R, YANG F, et al, 2018. Spatial trade – offs and synergies among ecosystem services within a global biodiversity hotspot. Ecological Indicators, 84: 371 – 381.

LIU B, NEARING M A, RISSE L M, 1994. Slope gradient effects on soil loss for steep slopes. Transactions – American Society of Agricultural Engineers, 37 (6): 1835 – 1840.

LIU B, NEARING M A, SHI P J, et al, 2000. Slope length effects on soil loss for steep slopes. Soil Science Society of America Journal, 64 (5): 1759 – 1763.

LIU L, WANG Z, WANG Y, et al, 2019. Trade – off analyses of multiple mountain ecosystem services along elevation, vegetation cover and precipitation gradients: A case study in the Taihang Mountains. Ecological Indicators, 103: 94 – 104.

LOCATELLI B, IMBACH P A and WUNDER S, 2014. Synergies and trade – offs between ecosystem services in Costa Rica. Environmental Conservation, 41: 27 – 36.

MAES J, PARACCHINI M L, ZULIAN G, et al, 2012. Synergies and trade – offs between ecosystem service supply, biodiversity, and habitat conservation status in Europe. Biological Conservation, 155: 1 – 12.

MAES J, PARACCHINI M L and ZULIAN G, 2011. A European Assessment of the Provision of Ecosystem Services: Towards an Atlas of Ecosystem Services. Publications Office of the European Union, Luxembourg, doi: 10. 2788/63557.

MARIO V B, JULIO C, ANNRICA Z, 2018. Assessing the capacity and flow of ecosystem services in multifunctional landscapes: Evidence of a rural – urban gradient in a Mediterranean small island state. Land Use Policy, 75 (1): 711 – 725.

MCDONNELL M J, PICKETT S T A, GROFFMAN P, et al, 1997. Ecosystem processes along an urban – to – rural gradient. Urban Ecosystems, 1 (1): 21 – 36.

MILLENNIUM ECOSYSTEM ASSESSMENT, 2003. Ecosystems and Human Well – being: A Framework for Assessment. Washington, DC. : Island Press.

NELSON E, MENDOZA G, REGETZ J, et al, 2009. Modeling multiple ecosystem services, biodiversity conservation, commodity production, and tradeoffs at landscape scales. Frontiers in Ecology and the Environment, 7: 4 – 11.

NOWAK D J, CRANE D E, STEVENS J C, 2006. Air pollution removal by urban trees and shrubs in the United States. Urban Forestry and Urban Greening, 4 (3 – 4): 115 – 123.

ORSI F, CIOLLI M, PRIMMER E, et al, 2020. Mapping hotspots and bundles of forest ecosystem services across the European Union. Land Use Policy, 99: 104840.

PENG J, LIU Y, LIU Z, et al, 2017. Mapping spatial non – stationarity of human – natural factors associated with agricultural landscape multifunctionality in Beijing – Tianjin – Hebei region, China. Agriculture, Ecosystems & Environment, 246: 221 – 233.

QIAO X, GU Y, ZOU C, et al, 2019a. Temporal variation and spatial scale dependency of the trade – offs and synergies among multiple ecosystem services in the Taihu Lake Basin of China. Science of The Total Environment, 651: 218 – 229.

QIAO J, YU D, CAO Q, et al, 2019b. Identifying the relationships and drivers of agro – ecosystem services using a constraint line approach in the agro – pastoral transitional zone of China. Ecological Indicators, 106: 105439.

RADFORD K, JAMES P, 2013. Changes in the value of ecosystem services along a rural – urban gradient: A case study of Greater Manchester, UK. Landscape and Urban Planning, 109 (1): 117 – 127.

RODRÍGUEZ J P, BEARD T D, BENNETT E M, et al, 2006. Trade – offs across space, time, and ecosystem services. Ecology and Society, 11: 28.

SANTOS – MARTÍN F, ZORRILLA – MIRAS P, PALOMO I, et al, 2019. Protecting nature is necessary but not sufficient for conserving ecosystem services: A comprehensive assessment along a gradient of land – use intensity in Spain. Ecosystem Services, 35: 43 – 51.

SHARP R, TALLIS H T, RICKETTS T, et al, 2020. InVEST 3.8.0 User's Guide. The Natural Capital Project, Stanford University, University of Minnesota, The Nature Conservancy, and World Wildlife Fund.

SHENG J, HAN X and ZHOU H, 2017. Spatially varying patterns of afforestation/reforestation and socio - economic factors in China: a geographically weighted regression approach. Journal of Cleaner Production, 153: 362 - 371.

STOLL S, FRENZEL M, BURKHARD B, et al, 2015. Assessment of ecosystem integrity and service gradients across Europe using the LTER Europe network. Ecological Modelling, 295: 75 - 87.

SUN X, LU Z, LI F, et al, 2018. Analyzing spatio - temporal changes and trade - offs to support the supply of multiple ecosystem services in Beijing, China. Ecological Indicators, 94: 117 - 129.

TALLIS M, TAYLOR G, SINNETT D, et al, 2011. Estimating the removal of atmospheric particulate pollution by the urban tree canopy of London, under current and future environments. Landscape and Urban Planning, 103 (2): 129 - 138.

TURNER K G, ODGAARD M V, BØCHER P K, et al, 2014. Bundling ecosystem services in Denmark: Trade - offs and synergies in a cultural landscape. Landscape and Urban Planning, 125: 89 - 104.

VALLET A, LOCATELLI B, LEVREL H, et al, 2018. Relationships between ecosystem services: comparing methods for assessing tradeoffs and synergies. Ecological Economics, 150: 96 - 106.

VAN REMORTEL R D, MAICHLE R W, HICKEY R J, 2001. Estimating the LS factor for RUSLE through iterative slope length processing of digital elevation data. Cartography, 30 (1): 27 - 35.

WILLEMEN L, HEIN L, VAN MENSVOORT M E F, et al, 2010. Space for people, plants, and livestock? Quantifying interactions among multiple landscape functions in a Dutch rural region. Ecological Indicators, 10: 62 - 73.

XU S and LIU Y, 2019. Associations among ecosystem services from local perspectives. Science of The Total Environment, 690: 790 - 798.

XU W, XIAO Y, ZHANG J, et al, 2017. Strengthening protected areas for biodiversity and ecosystem services in China. Proceedings of the National Academy of Sciences, 114: 1601 - 1606.

XU Y, TANG H P, WANG B J, et al, 2016. Effects of land - use intensity on ecosystem services and human well - being: A case study in Huailai County, China. Environmental Earth Sciences, 75 (5): 416.

YANG Y, ZHENG H, KONG L, et al, 2019. Mapping ecosystem services bundles to detect high - and low - value ecosystem services areas for land use management. Journal of Cleaner Production, 225: 11 - 17.

YE Y, ZHANG J, BRYAN B A, et al, 2018. Impacts of rapid urbanization on ecosystem services along urban - rural gradients: A case study of the Guangzhou - Foshan Metropolitan Area, South China. Ecoscience: 1 - 13.

ZHANG L, DAWES W R and WALKER G R, 2001. Response of mean annual evapotranspiration to vegetation changes at catchment scale. Water Resources Research，37：701 – 708.

ZHANG Z，LIU Y，WANG Y，et al，2020. What factors affect the synergy and tradeoff between ecosystem services，and how，from a geospatial perspective? Journal of Cleaner Production，257：120454.

ZHENG H，WANG L，PENG W，et al，2019. Realizing the values of natural capital for inclusive，sustainable development：Informing China's new ecological development strategy. Proceedings of the National Academy of Sciences，116：8623 – 8628.